气候智慧型农业系列丛书

我国作物生产适应气候变化技术体系

WOGUO ZUOWU SHENGCHAN SHIYING QIHOU BIANHUA JISHU TIXI

许吟隆　李　阔　习　斌　编著

中国农业出版社
北　京

编辑委员会

气候智慧型农业系列丛书

主　　编： 许吟隆　李　阔　习　斌

副 主 编： 郑大玮　王卿梅　赵　欣

编写人员（按姓氏笔画排序）：

习　斌　马　罡　马　倩　马世铭　马明明
马春森　马瑞琪　王文涛　王卿梅　王鸿斌
王淳一　文北若　冯　强　同延安　刘　芳
刘晓英　许吟隆　孙忠富　杜克明　李　阔
李迎春　李迪强　杨　笛　杨晓光　吴志祥
何霄嘉　佟金鹤　张　祎　张　博　张　蕾
张玉静　张梦婷　张馨月　林　文　林同保
郑大玮　郑飞翔　赵　欣　赵兰坡　赵运成
赵明月　赵艳霞　高丽锋　高清竹　陶忠良
曹建华　龚道枝　梁存柱　梁连友　韩　雪
潘　婕　魏欣宇

序 PREFACE

每一种农业发展方式均有其特定的时代意义，不同的发展方式诠释了其所处农业发展阶段面临的主要挑战与机遇。在气候变化的大背景下，如何协调减少温室气体排放和保障粮食安全之间的关系，以实现减缓气候变化、提升农业生产力、提高农民收入三大目标，达到“三赢”，是21世纪全世界共同面临的重大理论与技术难题。在联合国粮食及农业组织的积极倡导下，气候智慧型农业正成为全球应对气候变化的农业发展新模式。

为保障国家粮食安全，积极应对气候变化，推动农业绿色低碳发展，在全球环境基金（GEF）支持下，农业农村部（原农业部，2018年4月3日挂牌为农业农村部）与世界银行于2014—2020年共同实施了中国第一个气候智慧型农业项目——气候智慧型主要粮食作物生产项目。

项目实施5年来，成功地将国际先进的气候智慧农业理念转化为中国农业应对气候变化的成功实践，探索建立了多种资源高效、经济合理、固碳减排的粮食生产技术模式，实现了粮食增产、农民增收和有效应对气候变化的“三赢”，蹚出了一条中国农业绿色发展的新路子，为全球农业可持续发展贡献了中国经验和智慧。

“气候智慧型主要粮食作物生产项目”通过邀请国际知名专家参与设计、研讨交流、现场指导以及组织国外现场考察交流等多种方式，完善项目设计，很好地体现了“全球视野”和“中国国情”相结合的项目设计理念；通过管理人员、专家团队、企业家和农户的共同参与，使项目实现了“农民和妇女参与式”的良好环境评价和社会评估效果。基于项目实施的成功实践和取得的宝贵经验，我们编写了“气候智慧型农业系列丛书”（共12册），以期进一步总结和完善气候智慧型农业的理论体系、计量方法、技术模式及发展战略，讲好气候智慧型农业的中国故事，推动气候智慧型农业理念及良好实践在中国乃至世界得到更广泛的传播和应用。

作为中国气候智慧型农业实践的缩影，“气候智慧型农业系列丛书”有较强的理论性、实践性和战略性，包括理论研究、战略建议、方法指南、案例分析、技术手册、宣传画册等多种灵活的表现形式，读者群体较为广泛，既可以作为农业农村部门管理人员的决策参考，又可以用于农技推广人员指导广大农民开展一线实践，还可以作为农业高等院校的教学参考用书。

气候智慧型农业在中国刚刚起步，相关理论和技术模式有待进一步体系化、系统化，相关研究领域有待进一步拓展，尤其是气候智慧型农业的综合管理技术、基于生态景观的区域管理模式还有待于进一步探索。受编者时间、精力和研究水平所限，书中仍存在许多不足之处。我们希望以本系列丛书抛砖引玉，期待更多的批评和建议，共同推动中国气候智慧型农业发展，为保障中国粮食安全，实现中国2060年碳中和气候行动目标，为农业生产方式的战略转型做出更大贡献。

编　者

2020年9月

前　言 FOREWORD

适应气候变化，需要强有力的科技支撑。在联合国政府间气候变化专门委员会（IPCC）1990年发布的第一次气候变化评估报告中，明确提出技术进步是实施应对气候变化行动的重要措施之一；2007年，《中国应对气候变化国家方案》明确提出应对气候变化“依靠科技进步和科技创新的原则”；2015年，《第三次气候变化国家评估报告》中专门列出“气候变化适应技术”一章，对中国主要领域和区域的适应技术进行了系统总结。在“十二五”国家科技支撑计划项目中，设立了“国家适应气候变化方法学研究和综合技术体系构建”课题（2013BAC09B04），开展适应气候变化的技术体系研究；同时，农业部“引进国际先进农业科学技术计划”（“948”计划）资助重点项目“中国农业适应气候变化关键技术引进”（2011－G9），选择干旱监测和影响评估技术、作物抗寒抗旱育种技术、精量灌溉技术、作物低温灾害诊断与管理技术、作物病虫害预测和防控技术、油棕北扩种植技术、气候情景系统构建和作物模型模拟评估技术等，开展适应气候变化关键技术研发和应用示范研究。这些研究为适应气候变化的技术体系构建奠定了技术原理和方法基础，积累了大量的数据与资料。农业农村部、世界银行、全球环境基金开展的“气候智慧型主要粮食作物生产项目”（P144531），在安徽省怀远县和河南省叶县开展气候智慧型作物生产的技术示范，为本书案例分析提供了丰富的数据资料。

本书第一章介绍全球与中国气候变化的概况，简要分析气候变化给中国粮食作物生产带来的影响，对增强作物生产的适应性技术创新历程和政策进行简要回顾，提出中国作物生产适应气候变化所面临的关键问题。

第二章系统总结气候变化给中国农业带来的影响及作物生产所面临的风险。从农业气候资源变化、主要粮食作物生育期变化、适应性作物品种选育、作物种植结构调整、作物需水量变化、农业土地资源变化、土壤退化、作物气象灾害变化新特征、主要粮食作物病虫害新特征、主要粮食作物品质变化、农业生物多样性与生态系统服务变化等多个方面，总结气候变化对中国农业生产，尤其是主粮作物生产的影响；在此基础上，结合气候情景，分析中国主要粮食作物所面临的关键气候风险。

第三章阐述作物生产适应技术的集成方法与构建适应技术体系的结构框架。结合作物生产面临的主要气候变化影响与关键气候风险，从气候变暖的平均趋势、极端气候事件、气候变化引起的生态后果和气候变化引起的经济社会后果四个层面，确定中国农业的适应目标；系统论述适应路径选择、适应技术识别、适应技术分类、适应技术优选及农业适应技术体系集成方法；针对中国不同区域气候变化影响特征，构建农业适应技术体系框架。

第四章介绍中国农业关键适应技术的研发与示范。针对气候变化背景下干旱、低温、病虫害等主要气候灾害变化特征，重点介绍干旱监测技术、智能化精量灌溉技术、低温灾害诊断管理技术、小麦抗寒育种技术、病虫害预测与防控技术、油棕北扩种植技术、气候情景系统构建和作物模型模拟评估技术的研发及应用示范情况。

第五章基于气候智慧型作物生产安徽怀远县与河南叶县项目区的实践，开展构建作物生产适应气候变化技术体系的案例研究，对安徽怀远县与河南叶县的适应技术效果进行评估。

第六章对中国作物生产未来适应技术创新与政策制定提出建议。在关键技术研发与技术体系案例分析的基础上，提出适应技术创新发展途径，分析适应技术创新面临的障碍以及关键事项，明确适应技术创新能力建设、体制机制建设、适应政策等方面的关键事项，推动适应气候变化技术创新与气候智慧型农业实践的广泛开展。

中国地域广阔，气候多样，农业发展历史悠久，在千百年的生产实践中，积累了丰富的农业适应气候变化技术经验。当今农业技术发展日新月异，物联网、大数据、生物技术、人工智能（AI）等在农业领域的应用，大大提升了农业生产的科技水平。大力挖掘已有的“草根”适应技术，同时与高新技术结合，开展农业适应气候变化的技术集成创新，形成具有中国特色的适应技术体系，大力提升农业适应气候变化的能力，具有广阔的发展前景。本书的凝练总结是非常初步的，希望能为中国的适应气候变化研究提供一些参考和启示，能够抛砖引玉，促进中国适应技术创新体系的不断完善，促进气候智慧型农业生产实践广泛深入地开展。时间仓促，不妥之处在所难免，恳请各位同仁批评指正！

编　者

2020年9月

目 录 CONTENTS

第一章 概 论

本章主要介绍全球气候变化与中国气候变化的概况，分析气候变化给中国粮食作物生产带来的影响及中国农业所面临的气候风险，重点对增强作物生产的适应性技术创新历程和政策进行回顾，提出中国作物生产适应气候变化所面临的关键问题。

一、全球气候变化概况

自工业化以来，不断加剧的人类活动导致大气中二氧化碳（CO_2）等温室气体浓度急剧上升，造成了以气候变暖为主要特征的气候变化。2013 年，联合国政府间气候变化专门委员会（IPCC）发布的第 5 次评估报告显示，与 19 世纪下半叶相比，21 世纪初期全球温度升高 0.78℃；过去 130 年全球温度升高 0.85℃，1901—2015 年，亚洲地区地表平均温度上升了 1.45℃；20 世纪 80 年代以来，全球气温上升显著。IPCC 第 5 次评估报告同时指出，观测到的极端天气和气候事件发生了明显变化，高温热浪、强降水、干旱等极端气候事件频繁发生，危害日益加剧。近年来，西欧国家的反常高温、南亚地区连续发生的热浪已经严重影响了当地居民的生活和生产，由于高蒸发量和低降水量，南欧和西非等国家的干旱情况日趋严重。世界气象组织（WMO）的统计资料显示，自有气象记录以来，20 个最热的年份都出现在过去的 22 年（1997—2018 年）中，而且 2015—2018 年排名前四。21 世纪影响东亚地区的台风强度显著高于 20 世纪 90 年代，12 级以上台风的频次增加了一倍，强台风和强降雨对东亚和环太平洋沿岸的人民生命财产安全和生产活动造成了不可估量的损失。预估 21 世纪末温度可能升高 1.0～3.7℃，高温事件会更加频繁发生，热浪发生的频率更高、时间更长；降水波动性加大，降水的季节与区域分布会更加不均衡。

二、中国气候变化概况

中国地处东亚季风区，气候类型多样，气候的季节与年际变化大，农业基础设施相对落后，生态系统脆弱，容易受到极端天气、气候事件的影响。IPCC 第 5 次评估报告显示，中国的北方地区是全球显著增温的区域之一，中国东部季风区的大部分区域降水减少。气候变化国家评估报告显示，1909—2011 年温度升高 0.9～1.5℃（《第三次气候变化国家评估报告》编委会，2015），1951—2017 年中国升温率达到了每 10 年 0.24℃，明显高于同期全球平均水平。从地域分布看，西北、华北和东北地区气候变暖明显，降水量自 20 世纪 70 年代以来总体呈减少的趋势，区域降水变化较大，降水在东北、华北、黄土高原和西南部分地区明显减少，气候极端事件频发、危害日甚。近年来，南方大范围的高温酷热天气频发，不断刷新记录；北方暖干化趋势更加严重，西北东部、华北大部和东北南部干旱面积明显扩大，南方地区，尤其是西南地区季节性干旱（冬春连旱，甚至是秋冬春连旱）、长江流域高温伏旱加剧；长江中下游和东南沿海地区极端强降水事件明显增多；同时，极端灾害天气不断加剧，如 1998 年和 2020 年长江流域的特大洪水、2008 年南方大范围的冰冻雨雪、2011 年长江中游地区的旱涝急转、2012 年北方春季低温、沿海地区的超强台风、低温寡照等，给农业生产带来巨大损失。

三、气候变化对中国粮食作物生产的影响概况

农业是对气候变化最敏感的领域之一，气候变化先影响农业气候资源，然后影响农作物生长发育、作物产量、品种布局、农业种植制度和种植结构。气候变化引起农业气候资源分布的改变，从而导致农业生物体的适生地随之改变。气候整体变暖导致作物生长季普遍延长、作物适宜种植区扩展，为优化调整农作物种植结构创造了机遇，可利用热量资源增加的气候条件生产优质农产品，如攀枝花咖啡、宁夏压砂瓜、陕西洛川苹果、黑龙江大米等；但气候变暖加速土壤有机质分解和养分流失、北方冬季冻土变浅，气候暖干化导致农业水资源减少，极端降水事件增多加剧水土流失，旱涝急转加剧西南地区的石漠化，农业气象灾害、作物病虫害日益加剧并出现新特征，农业生态环境不断恶化。

气候变暖意味着中国年平均气温持续上升，农业生产所需的热量资源都有不同程度的增加，延长了作物生长季，但在热量资源充足的情况下，水分是决定农业发展和作物产量的主要因素。气候变暖使土壤水分蒸发量加大，热量资源增加的有利因素可能会因水资源的匮乏而得不到充分利用，有利的因素开发利用不当，也同样会导致作物生产的气候风险增加。

未来的粮食生产面临着气候变化带来的直接气候风险、间接生态风险和管理风险。直接气候风险源于极端天气气候事件的频繁发生，生态风险源于气候变化引起的生态环境退化、生物多样性减少等，而管理风险错综复杂、适应能力不足、粮食安全

保障机制不健全、全球贸易不确定性大是管理风险的主要来源。气候变化与中国经济快速发展过程中的诸多问题叠加在一起，将给中国粮食安全带来极大挑战。

四、增强作物生产气候适应性技术创新历程回顾

气候变化对中国农作物的影响是复杂多样的，因此，各地的适应技术开发与应用方式差异巨大。比如，温度增高、热量资源改善给东北地区水稻生产带来了机遇和便利，但气候明显暖干化和作物需水量的增加将进一步加剧东北干旱缺水和土地盐碱化，导致粮食作物产量下降、品质降低、病虫草害加重；化肥利用率降低，农业投入增加，生产效益下降；荒漠化、盐渍化加剧，耕地面积减少。与气候变暖整体趋势相对应的高温、干旱、洪涝、台风等极端天气气候事件频发，农业气象灾害加剧，进一步制约了中国农业的气候资源利用和生产潜力挖掘，加剧了农业生产的不稳定性。

国内外围绕气候变化对农业的影响已采取的有针对性的适应技术包括：

（1）针对作物种植带和种植结构的改变，开发未来光、温、水资源优化匹配技术和农业气象灾害时空格局辨识分析技术，发展调整农作物生育期的种植栽培技术、作物种植季节调节技术和适宜作物品种选育技术等。

（2）针对气候灾害加剧问题，培育和选用适应气候变化的抗旱、抗涝、抗高温、抗低温等抗逆品种。

（3）针对干旱加剧问题，采取工程设施抗旱措施，包括滴灌、微灌、注水灌溉、膜上灌、喷灌、沟畦灌溉、管道灌溉、渠道衬砌等节水灌溉技术，利用小型水库、池塘和屋顶、路面等集蓄雨水和利用农田微地形集雨保墒技术，抑制农田水分蒸发的秸秆覆盖、地膜栽培、化学抗旱、间作套种、深松蓄水以及生物节水技术等。

（4）针对病虫害加剧问题，采取能力强，抗病、抗虫性高的适栽品种的培养技术，生物农药有效靶标技术，物理与生态调控技术以及化学防治方法等。

（5）针对土壤肥力下降问题，采取农田固碳增汇的施肥、耕作和栽培技术，包括配方平衡施肥、推广缓释化肥、有机无机肥配施、少免耕为主的保护性耕作制度以及高光效栽培技术等。

（6）针对中国农业适应气候变化能力弱的问题，调整农业管理措施，如农作物春季适时早播、秋季适当晚播以及控制盐碱、水土流失、节水栽培、适期防治病虫害等，以提高农业生态系统的适应能力。

五、中国作物生产应对气候变化政策回顾

中国颁布了以《中华人民共和国农业法》《中华人民共和国土地管理法》等若干

法律为基础的各种行政法规，形成了一套比较完善的应对气候变化的法律法规体系，以保障农业的可持续发展。在2007年国务院发布的《中国应对气候变化国家方案》中，强调要加强农业基础设施建设，加快实施以节水改造为中心的大型灌区续建配套，着力搞好田间工程建设，更新改造老化机电设备，完善灌排体系；推进节水灌溉示范，在粮食主产区进行规模化建设试点，在干旱缺水地区积极发展节水旱作农业，继续建设旱作农业示范区；狠抓小型农田水利建设，重点建设田间灌排工程、小型灌区、非灌区抗旱水源工程；加大粮食主产区中低产田盐碱和渍害治理力度，加快丘陵山区和其他干旱缺水地区雨水集蓄利用工程建设；进行农业结构和种植制度调整，优化农业区域布局，促进优势农产品向优势产区的集中，形成优势农产品产业带，提高农业生产能力；扩大经济作物和饲料作物种植面积，促进种植业结构向粮食作物、饲料作物和经济作物三元结构转变；调整种植制度，发展多熟制，提高复种指数；选育抗逆品种，培育产量潜力高、品质优良、综合抗性突出和适应性广的优良动植物新品种；改进作物和品种布局，有计划地培育和选用抗旱、抗涝、抗高温、抗病虫害等抗逆品种；加强新技术的研究和开发，尤其是生物技术，力争在光合作用、生物固氮、生物技术、病虫害防治、抗御逆境、设施农业和精准农业等方面取得重大进展；继续实施“种子工程”，搞好大宗农作物良种繁育基地建设和扩繁推广；加强农业技术推广，提高农业应用新技术的能力。

在国家发展和改革委员会2013年发布的《国家适应气候变化战略》中，强调加强监测预警和防灾减灾措施，运用现代信息技术改进农情监测网络，建立健全农业灾害预警与防治体系；构建农业防灾减灾技术体系，编制专项预案；加强气候变化诱发的动物疫病监测、预警和防控，大力提升农作物病虫害监测预警与防控能力，加强病虫害统防统治，推广普及绿色防控与灾后补救技术，增加农业备灾物资储备。强调提高种植业适应能力，继续开展农田基本建设、土壤培肥改良、病虫害防治等工作，大力推广节水灌溉、旱作农业、抗旱保墒与保护性耕作等适应技术。强调利用气候变暖增加的热量资源，细化农业气候区划，适度调整种植北界、作物品种布局和种植制度，在熟制过渡地区适度提高复种指数，使用生育期更长的品种。强调加强农作物育种能力建设，培育高光效、耐高温和抗寒抗旱作物品种，建立抗逆品种基因库与救灾种子库。特别强调加强农业发展保障力度，促进农业适度规模经营，提高农业集约化经营水平，扩大农业灾害保险试点与险种范围，探索适合国情的农业灾害保险制度。建立了吉林粮食主产区黑土地保护治理适应试点示范工程和黑龙江农业利用气候变化有利因素适应试点示范工程，针对吉林中西部地区黑土地水土流失、肥力下降等威胁粮食生产的问题开展试点示范，以治理水土流失、恢复土壤肥力等综合性措施为重点，推广黑土地适应气候变化的经验；针对黑龙江积温增加、作物生长期延长等气候变化带来的有利因素开展试点示范，以调整种植结构和选育作物品种、推广应用抗旱保墒技术等农业适应技术为重点，推广农业生产利用气候变化有利因素的经验。

六、作物生产适应气候变化关键问题

中国已经在农业适应气候变化方面开展了大量工作并取得初步成效，但还远不能满足农业可持续发展的需要，不能适应全球气候加速变化的形势。联合国粮食及农业组织（FAO）提出了气候智慧农业（Climate Smart Agriculture，CSA）的概念，包括适应气候变化、减少农业源温室气体排放、增加作物单产。目前适应气候变化仍然是气候智慧农业广泛开展的瓶颈，还需要大力提高对农业适应的科学认识，加强科技支撑，加强管理和规划，增强农业适应的针对性，切实提高农业适应能力。目前农作物适应气候变化面临的主要问题是：

（1）对农作物适应的重要性认识不足，采取专项适应行动的意愿不强。

（2）适应工作针对性不够，将常规工作与适应气候变化工作混淆。

（3）许多工作处于盲目适应（适应不足和适应过度）状态，还需要大力提升气候变化条件下的农业气候资源高效开发利用水平。

（4）气候变化条件下精细区划和优化决策研究不足，农业种植结构尚需优化调整，适应性的育种目标还有很大改进空间。

（5）气候变化导致的水质性缺水问题加剧，适应气候变化的水利工程建设需要加强。

（6）对气候变化条件下作物灾害发生机理、诊断技术和标准的研究严重不足，需要做出相应调整。

（7）缺乏对气候变化条件下农作物病虫害发生规律的科学认识，监测评估技术不能满足气候变化条件下防治工作的需要，亟须形成完善的防控技术体系。

（8）对气候变暖背景下保持土壤肥力、减少温室气体排放的有效适应技术措施尚需进行深入研发。

（9）气候变化条件下农业生态建设的思路不清晰，如何在气候变化条件下加强生物多样性保护、促进生态服务功能、通过生态服务功能改善促进气候变化条件下的农业可持续发展，还需要加强理论探索与生产实践研究。

第二章

气候变化对农业的影响与作物生产风险

本章系统总结气候变化对中国农业生产的影响与作物生产所面临的气候风险。从农业气候资源变化、主要粮食作物生育期变化、适应性作物品种选育、作物种植结构调整、作物需水量变化、农业土地资源变化与土壤退化、作物气象灾害变化新特征、主要粮食作物病虫害新特征、主要粮食作物品质变化、农业生物多样性与生态系统服务变化等多个方面，综述气候变化给中国农业生产尤其是主粮作物生产带来的影响；在此基础上，结合气候情景分析，梳理中国主要粮食作物生产所面临的关键气候风险。

一、农业气候资源分布变化

农业气候资源指对农业生产有利的气候条件和大气中可被农业利用的物质和能量，包括光照、温度、降水、大气成分等气候因子的数量、强度及其组合。

（一）热量资源变化特征

表征热量资源的常用指标有年平均气温、无霜期、农耕期、作物生长期、积温、界限温度以及持续天数等，其中无霜期长度和喜温作物生长期与日平均气温稳定通过10℃以上的持续期大体相同，农耕期长度和喜凉作物生长期与日平均气温稳定通过0℃以上的持续期大体相同。

1951—2004 年，全国年均气温每 10 年升高 0.25℃，北部较南部升温显著，年均气温增幅最大的是东北地区，最小的是西南地区（汤绪，2011）。最低气温较最高气温增加显著，冬季升温幅度较夏季大。1981—2010 年，中国平均无霜期长 229d，与 1951—1980 年相比增长了 9d。≥10℃积温 3 000℃的等值线在东北和华北地区已经从 20 世纪 50 年代的宽甸-四平-围场-张北-五寨-鄂托克旗-临河一线，北移到 21 世纪初的通化-尚志-扎兰屯-围场-张北-五寨-乌拉特后旗一线，在东北地区向北推进约 2.5 个纬度。1951—2005 年全国除西南、西北少部分地区外，大部分地区≥10℃持续天数每10年延长大于2d（梁玉莲，2015；矫梅燕等，2014；周广胜等，2015；王菱等，2014；Tao，2006；杨晓光等，2011；缪启龙，2008）。

（二）光照资源变化特征

表征光能资源的指标主要有日照时数和辐射强度两个方面，由于目前辐射站点较少，农业光照资源通常以日照时数为主要指标进行分析。

1961—2014年，中国日照时数呈下降趋势，空间分布西北高、东南低，除西北和西南地区外大部分地区呈减少趋势（矫梅燕等，2014；马润佳等，2017）。1981—2010年，太阳辐射资源总体减少458.07MJ/m^2，日照时数总体减小126h。就全国而言，1981—2007年与1961—1980年相比，喜凉、喜温作物生长期内日照时数分别减少了32.2h和53.6h（郭建军，2016）。从区域分布来看，年日照时数以华北地区的减幅最大，为300h以上（梁玉莲等，2015）。

（三）水分资源变化特征

水分资源是指能为作物所利用的水分，包括自然降水、土壤贮存水分、可利用的地表水资源、地下水资源等。从农田水分平衡的角度来看，降水与灌溉水是农田水分的主要输入项，而蒸散是主要输出项。

1981—2010年，中国年平均降水量为630mm。1961年以来中国年平均降水量每10年增加4.2mm，且呈现较大的区域性特征，东北东部、华北中南部的黄淮海平原和山东半岛、四川盆地，以及青藏高原部分地区的降水出现不同程度的下降；在全国的其余地区年降水量均出现不同程度的增加。中国年降水量略呈上升趋势，特别是夏季和冬季，秋季降水量显著减少（巢清尘等，2020；周广胜等，2015）。

运用Penman-Monteith公式计算参考作物蒸散量并分析结果，1961—2010年参考作物蒸散量先有下降趋势（1961—1993年），下降幅度不大，后又缓慢回升（1994—2010年），但总体呈下降趋势。1957—2012年，参考作物蒸散量全国年平均值为1 104mm，西北和东南沿海地区高，新疆的2 128mm为全国最大值，东北、西南地区及四川盆地，参考作物蒸散量较低，最低值为四川峨眉山616mm（黄会平，2015；杨晓光等，2011）。

二、主要粮食作物生育期变化

气候变暖导致作物生长进程普遍加快，同一品种生育期普遍提前；作物潜在生长季整体延长，如果不存在水分胁迫和其他限制因素，整体上有利于增产。

不同作物生育期变化有其自身的特点。小麦抽穗期、开花期和成熟期以提前为主，营养生长期和全生育期缩短，生殖生长期延长；玉米抽穗期和成熟期变化特征不明显，营养生长期缩短，生殖生长期和全生育期延长；水稻区域间生育期变化趋势存在较大差异，全生育期总体上呈延长趋势。小麦、玉米、水稻主要生育期变化特征见表2-1。

表2-1 主要粮食作物生育期变化

作物	生育期变化	参考文献
小麦	播种期、出苗期推迟，越冬期推迟，返青期延后，抽穗期、开花期、成熟期提前 1980—2009年全国冬小麦营养生长期缩短，生殖生长期每10年延长6.0d，全生育期每10年缩短11.3d	He et al.，2015；Xiao et al.，2008；Xiao et al.，2015；Tao et al.，2012
玉米	播种期、出苗期提前，成熟期延迟，营养生长期缩短，生殖生长期和全生育期延长 1981—2010年春玉米营养生长期每年缩短0.06d，生殖生长期和生育期每年分别延长0.18d和0.16d，夏玉米营养生长期和全生育期每年分别缩短0.20d和0.05d，生殖生长期每年延长0.14d	Li et al.，2014；Liu et al.，2017；秦雅等，2018
水稻	1981—2009年全国平均水稻营养生长期、生殖生长期和全生育期分别以每10年减少0.4～2.8d、0.1～1.3d、2.9～4.1d的速率缩短，营养生长期的缩短比生殖生长期明显 东北一季稻播种期提前，成熟期推迟，营养生长期、生殖生长期以及全生育期均延长 长江中下游地区一季稻移栽期提前，抽穗期与成熟期推迟，营养生长期、生殖生长期以及全生育期延长 西南地区一季稻生长期缩短 双季稻移栽期、抽穗期、成熟期均提前，营养生长期与全生育期缩短，生殖生长期延长 1991—2012年，早稻全生育期平均每10年延长（1.0±4.8）d，晚稻平均每10年延长（0.2±4.5）d	Liu et al.，2012；Liu et al.，2013；Lu et al.，2008；Tao et al.，2013；Wang et al.，2017

三、适应性作物品种选育

气候变化对地球上的生命有极大的影响，它将引起环境和生态的剧烈变化，从而严重影响农业，给全球粮食安全带来挑战。应对气候变化，需选育气候变化适应性品种（Kole et al.，2013），开发具有基因组可塑性更广、适应性更广的作物品种，提升作物气候抗御能力。气候变化适应性品种选育的目标是气候环境资源最大化利用，同时降低气候环境的不利影响。

目前，农业生产活动中的五大非生物胁迫（高温、干旱、洪涝、盐渍化和CO_2浓度升高）在未来各区出现的频率和强度仍存在很大不确定性，加强全球育种网络之间的合作，对核心种质资源对未来气候环境胁迫响应的高通量表型鉴定尤为重要

（Chapman et al.，2012）（表2-2）。

表2-2　三大粮食作物气候变化适应性品种选育

主要作物	气候变化新风险	品种适应策略
小麦	气候变暖，冷暖突变剧烈，冻害风险依然存在	抗寒性基因改良
	小麦开花期热害风险加剧	耐高温小麦基因改良
	干旱环境适应	新技术挖掘作物对干旱环境的适应性
玉米	开花期高温加剧	耐高温干旱品种选育
	低温冷害风险	抗低温冷害品种选育
	玉米病虫害频率增加	抗病虫害品种选育
水稻	热量资源利用	生育期较长的中晚熟品种产量较高
	CO_2浓度升高增加地上部生物量，倒伏风险增加	抗倒伏品种选育
	东北寒地水稻低温冻害风险因气候变化和种植界限北移而增加	抗低温冻害品种选育
	病虫害风险	抗病虫害品种选育＋综合管理技术

（一）小麦品种选育

1. 抗寒性小麦基因改良

对小麦来说，主要的非生物胁迫包括低温和高温胁迫。由于全球人口不断增加，农业生产正在扩大进入边缘系统，气候变暖使冬性品种小麦的种植比例下降、春性品种的种植比例上升，同时暖秋年份增多使小麦抗寒锻炼强度减弱，旺长现象突出。这些因素导致小麦抗寒力下降，而气候变化具有不稳定性，冷暖突变剧烈，极端气候时间增多，因此冻害风险依然存在（代立芹等，2010）。

在这种条件下，在调控与生存相关性状的基因中，抗寒基因的获得至关重要（Kole，2013），抗寒基因能够及时、有效地表达，可以降低进一步冻结的风险，适合作物在冬季的生存及冬季结束后的快速恢复，以保证较高的作物产量。

2. 耐高温小麦基因改良

干热风是影响北方小麦后期生长和产量形成的重大气象灾害之一，在气候变暖的背景下，极端天气气候频发，部分年份仍有发生较重干热风的可能。温度每升高1℃，可使籽粒或果实产量降低10%左右。然而，目前与抗旱品种相比，在培育耐热性品种上的研究相对较少。耐热性品种是通过常规杂交和在生殖发育过程中增强耐热性能来培育的，目前也有增强耐热性的分子生物育种方法（Porch et al.，2013）。

3. 抗旱性品种选育

作物育种家往往将筛选高水分利用效率的品种作为干旱区提高农业生产力的有效途径。对于作物有效利用水和水生产力的机制的研究，这一努力是必不可少的。尽管几十年来一直在努力，但作物改良在培育适应干旱环境的新品种方面的成功案例仍然有限。然而，基因增强为抗旱性品种选育提供了新的思路。遗传学-基因组学的发展，精确的表型和生理学，再加上生物信息学和表型学的新发展，可以为提高对缺水的适应能力的性状提供新的见解（Kole，2013）。

（二）玉米品种选育

1. 耐高温干旱品种

玉米是中国重要的粮食作物，稳定与提高玉米产量对中国粮食安全有着重大的意义。但由于气候变暖，尤其是高温干旱严重影响了玉米的产量和品质（赵锦等，2014），亟须培育出耐高温的玉米品种来应对气候变化。高温的影响是多方面的，最直观的影响是迫使玉米生育进程加快、各个生育阶段缩短，对玉米的品质和产量产生巨大影响（周梦子等，2017）。当气温超过 38℃时，雄穗不能开花，散粉受阻，这种现象被称为高温杀雄（降志兵等，2016）。高温对穗期玉米的影响不仅在于致使雌穗各部位分化异常，还在于导致雌穗发育不良，造成雌雄花期不协调、授粉受精率低、籽粒瘦瘪（付景等，2019）。因此在未来玉米品种的选育中，选择耐高温干旱的品种，是抵御热害的有效措施。

2. 抗低温冷害品种

研究发现，在不考虑 CO_2 含量升高对作物生长发育的影响时，气温不断升高会导致东北地区春玉米种植区域北移（刘志娟等，2010），玉米遭受冻害的风险也会进一步增加。玉米是一种喜温作物，低温冷害是导致其产量与品质下降的主要因素之一。低温会使玉米种子的发芽率下降，影响玉米产量；幼苗生长时期遭受冻害，则会使幼苗存活率降低，成熟后的植株矮小，结实率下降；同时，低温还会使玉米叶片的光合速率下降，从而导致体内有机物含量下降，品质变差（崔婷茹等，2019；黄成秀等，2013）。因此未来可以选择培育抗低温冻害的玉米品种以应对复杂多变的气候条件。

3. 抗病虫害品种

未来气候变化条件下，气温进一步升高，高温会加速虫卵的孵化以及病菌的传播，非常容易引起病虫害的爆发。研究显示，近几十年来，玉米病虫害发生的频率及面积均呈递增趋势（张蕾等，2013）。在玉米生育期内的温度升高、降水增加以及极端高温的发生，都对玉米病虫害的发生起到了显著的正效应。不同类型的病虫害会对玉米的生长造成不同程度的影响（王春光，2017）。在种植玉米时选用抗病虫害能力较强的品种，可以有效地减少病虫害对玉米品质和产量的影响。

（三）水稻品种选育

1. 抗倒伏品种

CO_2 含量的升高能提高水稻体内的光合速率从而增加水稻的生物量（Zhu et al.，

2013），但同时也会增加水稻的倒伏风险（景立权等，2018）。水稻倒伏不仅会使产量下降、品质变差，还会增加水稻的收割难度和收割成本。水稻的抗倒伏能力受环境因素、栽培条件以及遗传性状等多方面的影响，但水稻自身的抗倒伏能力占据主要因素（康洪灿等，2017）。因此，提高水稻本身的抗倒伏能力是品种选育的主要方向。

2. 抗低温冻害品种

未来气候变暖，东北地区寒地水稻种植区域也会相应北移，水稻遭受冻害的风险也会相应增加（王晓煜等，2016），因此在未来水稻品种的选育中，选择抗低温冻害的品种，是抵御低温冻害的有效措施。

3. 耐高温品种

由于气候变暖，短期的极端高温出现频率和水稻高温热害发生的频率大幅度增加，给农作物安全生产带来极大隐患。水稻的抽穗开花期对高温天气最为敏感，高温会引起颖花的高度不育，对水稻产量造成极大影响；水稻籽粒灌浆期遭遇高温，会导致灌浆期缩短，千粒重降低，同时还会导致稻米的垩白率增加，品质变差（景立权等，2018；王亚梁等，2014）。在未来水稻品种的选育中，选择耐高温的品种，是抵御高温热害的有效措施。

4. 抗病虫害品种

南方早稻抽穗灌浆时期正值当地梅雨季节，高温高湿会加速虫卵的孵化以及病菌的传播，非常容易引起病虫害的爆发，导致水稻减产（傅秀林等，2016）。种植水稻时选择抗病虫害的品种，结合良好的栽培技术，例如适时早插、合理密植、合理施肥、科学灌水（杨永升等，2010），可以最大限度地减少病虫害对水稻生产造成的影响。

5. 生育期较长的中晚熟品种

江敏等的研究表明，在未来温度升高的气候条件下，生育期较长的中晚熟品种产量相对较高（江敏等，2012）。其原因是生育期长的品种在一定程度上能够抵消高温引起的生育期缩短现象，使水稻总的光合时间处于较高水平，从而提高水稻的产量。因此未来水稻选育的重点应该集中在选育生育期较长的品种方面。

四、作物种植结构调整

（一）作物种植界限的变化

1. 小麦种植北界变化

随着气候的变化和生产条件的改变，冬麦种植北界不断变动，整体上向更高寒地区发展（李祎君等，2010），可充分利用中国北部地区的自然资源，增加复种指数，改善小麦品质，增产增收及优化作物种植结构。

（1）20世纪60年代—20世纪70年代，随着灌溉等生产条件的改善，冬小麦种植北界不断北移，在新疆北部形成了稳定的冬小麦产区，而张家口、承德和沈阳等地也已经有了冬小麦的种植。

（2）20世纪70年代—21世纪前10年，北方连续遭受严重冻害，冬小麦种植北界有所后退，但仍比20世纪50年代向北推进了约100km，辽南、辽西、张家口和承德等地区仍有冬小麦种植，黄土高原北部和河西走廊也保留了较大的冬小麦种植面积（邹立坤，2001）。

（3）现今冬小麦在宁夏已经北移至引黄灌区，并被大面积推广种植，增产增收效果明显（李静，2010）。

2. 水稻种植北界变化

通常情况下，2 000℃积温线代表水稻种植北界所需的最低积温数（陈立亭等，2000）。近40年来东北水稻种植扩种经历了不断向北推进的过程。

（1）20世纪80年代以来，中国2 000℃积温线显著北移大约4个纬度，大致从小兴安岭地区中部偏南推进到了大兴安岭地区的漠河和塔河（云雅如等，2005）。黑龙江水稻种植范围逐渐向北部地区扩展，目前已可在北纬52°左右的呼玛地区种植（赵秀兰，2010）。

（2）原有适宜种植区面积也在不断扩大、产量显著增加（李大林，2010）。

3. 玉米种植北界变化

随着气候的变化，温度升高增加了东北地区作物生长季的热量资源，为玉米扩种提供了可能（王媛等，2005）。而霜冻是限制玉米生长的重要气象灾害，通常情况下霜冻带北缘与玉米种植的交界就可以确定其种植界限。

（1）20世纪60年代玉米种植北界大致位于庄河-锦州-兴隆一线以北（冯玉香等，2000）。

（2）20世纪80年代黑龙江省玉米的分布从最初的平原地区逐渐向北扩展到了大兴安岭和伊春地区，向北推移了大约4个纬度（周立宏等，2006）。

（3）这一界限进一步向北推移，在玉米高产中心松嫩平原南部，由于生长期提前，盛夏热量充足，目前已经可以种植晚熟高产品种（云雅如等，2007）。

（二）作物品种布局变化

气候变化导致温度与降水产生变化，进而对品种布局产生影响。由于不同区域气候变化的程度和趋势不同，对品种布局的影响也不尽相同。气候变暖使农作物春季物候期提前，生长期延长，生长期内热量充足，进而对中国种植制度产生显著影响。表2-3为作物品种布局与耕作制度调整情况。

表 2-3 作物品种布局与耕作制度调整

主要特征		变化趋势
作物品种布局变化	中晚熟品种种植面积扩大	东北北部早熟品种转换为中早熟品种，中部由中早熟品种转换为中熟品种，南部地区作物品种逐渐由中熟品种转换为中晚熟品种
	耐旱节水作物品种种植比例不断提高	在气候暖干化背景下，2000 年以来华北地区持续压缩高耗水作物水稻与冬小麦种植比例，并采取工程、农艺、生物、管理等各种节水措施
	越冬作物品种的冬性适度减弱	黄淮海地区冬季变暖，冬性较弱的小麦品种可以安全越冬，冬小麦产量也得到一定幅度的提升，因此冬性较强的品种逐渐被冬性较弱的品种替代（李克南等，2013）
	推广抗病虫害作物品种	气候变化使病虫害加剧，抗病虫害品种的选育和推广逐渐普及，如抗虫棉、脱毒种薯、脱毒苗（蔬菜、果树）等
作物耕作制度变化	作物熟制的变化	江淮平原麦稻一年两熟区整体向北扩展，长江中下游平原一年三熟、一年两熟区向北向西推进，华南一年三熟、一年两熟区向北移动
	间作、套种模式的改变	在冬小麦种植北界地带，气候变化导致热量资源增加，但仍然是“一茬有余，两茬不足”，为了有效地利用增加的热量资源，不同地区结合降水条件采取了各种间作、套种及轮作模式，其中冬小麦—夏玉米套种是最普遍采取的种植模式（张经廷等，2013） 在农牧交错带及黄土高原等干旱缺水地区，针对气候波动的加剧，采取耗水作物与抗旱作物轮作模式，若上一年度种植耗水作物，则下一年度种植耐旱作物（梁银丽等，2006）
	作物配置的变化	川中丘陵地区过去以冬水田一季水稻生产为主，由于气候变化带来的冬春干旱加重，1970 年以来，普遍改为小麦—玉米—红薯的旱三熟制（李钟等，2010），能适应暖干化的气候并取得了显著的增产效果

五、作物需水量变化

（一）生育期改变与作物耗水

作物需水量作为衡量农作物水分供应状况的指标，随着作物生育期的改变也发生了变化。不同作物的需水量对气候变化的响应各异，水稻需水量最多，小麦次之，玉米最少（潘瑞炽，2012）。

中国稻作区域辽阔，水稻需水量差异大，南方一季稻需水量为 300～420mm，双季稻需水量为 600～800mm，而北方稻区水稻需水量为 400～1 500mm。水稻需水关键期为分蘖期和抽穗期，敏感期为孕穗期和灌浆期，而抽穗期、结实期水分亏缺会导致空秕粒增加，从而降低产量（郑家国等，2003；张卫星，2007）。气候变暖减少了低湿冷害导致的早稻烂秧问题的出现，同时气温升高也加速了水稻生育进程，缩短了水稻生长期进而导致干物质积累量减少（Cai，2016）。

小麦全生育期总需水量在 400～500mm，有的年份可达 600mm 左右（刘钰等，

2009)。播种期是小麦耗水量及耗水强度最低的阶段，越冬期耗水量最小，只占整个生育期总耗水量的4%～10%；拔节期次之，约占20%；孕穗灌浆期耗水量最大，达到45%（张寄阳，2005)。受气候变化的影响，需水量同有效降水量、相对湿度显著负相关，与平均温度和日照时数显著正相关（周迎平等，2013)。从播种期到越冬期，小麦需水强度逐渐减少，春季返青后需水强度逐渐增大，植株衰老后需水强度逐渐减小（赵凯娜，2018)。

玉米全生育期需水量300～400mm（刘钰等，2009)，且随年代的推移波动增加，其中营养生长期需水量最高，其次为花期、成熟期和苗期，花期是需水关键期（黄志刚等，2017)。降水量及其空间分布是影响夏玉米需水量的主要因素，对夏玉米需水量年际波动的贡献高于潜在蒸发量（黄仲冬等，2015a)。不同区域需水量变化各异，位于东北地区的松嫩平原玉米全生育期需水量呈波动增加趋势，其原因在于有效降水量波动下降。西北地区的石羊河流域降水对玉米需水量的影响最大，为负效应，最低气温对其影响最小，未来玉米灌溉用水总体上表现出降低的趋势（Gondim et al.，2012)。

（二）CO_2 浓度升高与作物蒸腾

植物吸收的水分可以通过蒸腾作用散发，而蒸腾作用受到光照、CO_2、空气湿度、温度和风速等各种环境因素的影响，其中 CO_2 浓度的影响较大（David，2006)。CO_2 浓度的升高会降低气孔导度，减少作物蒸腾，一般减少幅度为20%～27%（Reddy et al.，2010；Bunce，2010)，植被整体的蒸散降低必然会影响到全球的气候（Nijs et al.，1997)，使温室效应放大（Sellers et al.，1996)，但蒸腾作用的降低会提高作物的水分利用率，从而促进干物质积累（Drake，1997)。

不同光合途径的植物（C_3 和 C_4 植物）对 CO_2 浓度增加的响应模式不一致（王佳等，2020)。高 CO_2 浓度下，C_3 植物蒸腾速率降低7.07%～16.38%，C_4 植物蒸腾速率降低12.5%～18.9%（王建林等，2012)。玉米为 C_4 植物，CO_2 浓度的增加抑制了玉米的蒸腾作用，从10叶期至收获期的各生育阶段，700μL/L比350μL/L蒸腾系数减少8.1%～23.7%，600μL/L减少7.7%～20.0%，500μL/L减少5.2%～14.9%，抽雄阶段减少最显著（王修兰等，1995)。而作为 C_3 作物的水稻和小麦，在高 CO_2 浓度下会降低气孔导度和提高光合速率，提高水分和光能利用率，从而提高干物质积累量（Paul et al.，2003；李军营，2006)。

（三）节水农业

气候变暖及 CO_2 浓度增加导致的作物生育期缩短和蒸腾作用减弱会降低作物的田间耗水量，一方面可提高水分利用效率，另一方面可以应对极端天气带来的干旱或降水减少等。但为了适应气候变化，降低极端气候事件的不利影响，需采取更加有效的节水技术以满足灌溉需求、减少无效灌溉。

节水农业以提高水分利用效率和生产效率为目的，利用农业和水利等一系列措施，充分利用降水资源，以实现农业的可持续发展（吴普特等，2005），其发展的技术方向可概括为农艺节水、生理节水、管理节水和工程节水（表 2-4）。种植结构优化也是节水农业的重要措施之一，作为一种间接的调控节水方式，种植结构优化主要通过调整各作物的种植面积影响农业用水量。

表 2-4 节水农业发展的技术方向

项目	发展方向	具体措施
节水农业技术	农艺节水	改进作物布局，改善耕作制度和技术，推广使用抗旱保水剂、地膜覆盖技术、秸秆粉碎还田技术
	生理节水	培育耐旱抗逆的作物品种
	管理节水	管理措施、体制与机构，制定水价与水费管理政策，采用精确灌溉、非充分灌溉方法，配水控制与调节，推广应用节水措施
	工程节水	采用微灌等灌溉方式及节水灌溉措施

种植结构决定种植业的需水规律和需水量，其发展方向为：①协调可利用水资源和其他农业生产要素，合理调整作物种植结构，在确保区域粮食安全的条件下，以节水高效作物的种植取代高耗水作物的种植，并从粮、经二元种植结构转变为粮、经、饲三元种植结构（Maji et al.，1980；Sethi，2006）；②调整作物种植时空布局，根据水资源分布特征、水利工程状况等，选用需水量与同期有效降水耦合性较好、耐旱的品种，并调整春播与秋播作物的播种比例和熟制类型，以充分利用有限的农业水资源，实现综合效益及节水效益的最大化（刘登伟，2007；吴普特，2002；吴普特等，2003）。

六、农业土地资源的变化与土地退化

气候变化对农业土地资源和土壤肥力产生了深刻影响，IPCC《气候变化与土地特别报告》综合评估了气候变化对土地的影响。土地退化影响气候系统的变化，土地具有适应和减缓气候变化的双重特性；气候变化会以各种方式加剧土地退化和荒漠化，气候变化造成的极端灾害趋强趋多，给土地资源和粮食安全带来诸多挑战。土地的总面积是相对固定的，土地的荒漠化和土地退化、肥力下降造成可耕种土地数量和质量的改变，严重威胁粮食安全。研究显示，1980—2008 年，中国 81%的耕地土壤有机碳含量增加，尤其是在华东、华中、华南和西南地区，黑龙江地区土壤有机碳含量下降（Yu et al.，2012）。

（一）农业土地资源数量变化

全球增温导致气候带偏移和一些生物气候区范围发生变化，引起土地利用、覆被的变化。多源卫星数据时间序列显示，过去 30 年全球大部特别是北半球中高纬度区域植被绿度增加，而北欧、北美西南部、中亚、西非等区域绿度降低，且总体上全球绿度增加面积超过降低面积。同时，中高纬度区域生长季延长，特别是春季物候提前（Keenan et al.，2018；Xu et al.，2018）。

一方面，气候变化对陆地生态系统结构产生不利影响，极端天气事件频发加剧了农业土地资源的破坏，导致土地资源适宜耕作水平降低和农业土地资源数量减少。例如气候变化通过影响降水和蒸散量，导致中国西北地区东部有土地变干的迹象，并导致农牧交错带向东南移动且生产力下降（何凡能等，2010）。

另一方面，农作物种植边界整体向高纬度、高海拔地区扩展，本不适宜耕作的土地适宜性提高，有利于补充耕地数量，缓解 18 亿亩耕地红线的压力。中国近 50 年来平均气温每 10 年升高 0.22℃，高于全球同期平均增温速率，中高纬度热量条件明显改变，作物生育期延长，不同熟制的种植界线总体北移。东北地区水稻种植北界由 20 世纪 80 年代的北纬 50°扩展至现在的北纬 52°地区（陈浩等，2016），东北平原地区的玉米种植北界向北扩展了约 4 度（刘志娟等，2010）。

（二）农业土地退化

《气候变化与土地特别报告》指出，土地退化表现为生物生产力、生态完整性或对人类价值的长期降低。气温、降水、风的变化以及极端天气事件等加速土地退化（黄磊等，2020）。当前大约 1/4 的无冰陆地表面有不同程度的退化，1961—2015 年全球干旱半干旱地区受到干旱影响的面积每年大约增加 1%，约 5 亿人口受到直接影响（贾根锁，2020）。与气候变化相关的土地退化的影响因素包括温度、降水和风的变化以及极端事件分布、频率和强度的变化。极端降水、洪涝、高温热浪等极端事件与其他驱动因素互相作用，造成土地侵蚀速率的变化，从而造成土地退化。此外，气候变化导致的海平面上升和风暴潮频率或强度的增加加剧了对海岸带的侵蚀，并促进了沿海森林生态系统结构和功能的变化，从而造成海岸带土地退化。

（三）农业土地荒漠化

根据《联合国防治荒漠化公约》，可知荒漠化是土地退化的一种类型，特指干旱、半干旱和亚湿润干旱地区（统称为旱地）出现的土地退化。荒漠化不局限于不可逆转的土地退化，也不等同于沙漠扩张，而是代表干旱地区所有形式和程度的退化（黄萌田等，2020）。同时，气候变化增加了野火发生的概率（Jolly et al.，2015），野火导致植被覆盖减少、土壤肥力降低，并改变土壤微生物群落，加剧土地荒漠化。中国内蒙古农牧交错带面临的土地荒漠化问题非常突出，内蒙古农牧交错带是农业生产集中的地区，人畜矛盾和草畜矛盾是造成其草场退化、土地沙化的重要因素。

（四）土壤肥力下降

气候变化通过对植物生产速率和凋落速率以及土壤的碳氮循环过程的影响，改变土壤微生物群落，从而改变土壤有机碳的分解速率，加剧土壤养分流失，造成土壤肥力下降。有研究表明，气温升高 2.7℃，凋落物的分解速率提高 6.7%～35.8%（王其兵等，2000）。在东北地区，作物生长期内农田土壤微生物与温度有明显关系，细菌和放线菌在 7 月达到峰值，真菌则在 6 月达到峰值（苏永春等，2001）。

气候变暖影响化肥肥效和农药的施用。化肥肥效对环境温度变化敏感（尤其是氮肥），温度升高，化肥肥效释放期缩短。要想保持原有肥效就需要增加每次的施肥量，如此就增加了农民投入，化肥的挥发、分解和淋溶流失对土壤和环境也十分有害。同时，随着作物生长季的延长，昆虫繁衍代数增加，冬温较高也有利于昆虫安全越冬，从而加剧病虫害的流行和杂草蔓延，导致农药和除草剂的大量施用。

七、作物气象灾害发生新特征

气候变化背景下，干旱、暴雨洪涝、高温、低温等农业气象灾害表现出一定的特征变化。

（一）小麦气象灾害

20 世纪 60 年代至 21 世纪初，华北、西北地区冬小麦干旱呈加重趋势（吴东丽等，2012；王连喜等，2015）；近 10 年来，华北地区冬小麦干旱仍呈增加趋势，黄淮、西北地区中东部、江淮、江汉和西南地区冬小麦干旱呈下降趋势，以江汉地区最为明显。

20 世纪 90 年代以来小麦干热风灾害发生频率、强度增加，发生区域扩大，产生的危害加重（霍治国等，2019）。黄淮海干热风日数、过程次数减少，其中重干热风日数、重过程次数减少明显，但部分年份仍有发生较重干热风的可能（李森等，2018）；近 10 年干热风平均强度每年增加 0.04。

近几十年，华北地区冬小麦生长季低温灾害频次和强度呈降低趋势，全生育期低温灾害指数天数由 20 世纪 60 年代的 0.6 以上降至 21 世纪初的 0.4 以下（钱永兰等，2014）。越冬和返青阶段低温灾害的发生频次呈降低趋势，而分蘖、拔节、抽穗等阶段低温灾害的发生频次则维持在较高水平。晚霜冻害发生频率逐渐减少，轻霜冻害发生最为频繁、频率在 15%左右，重霜冻害频率约为 6%（罗新兰等，2011）；淮河流域晚霜冻出现时间整体提前（平均每年提前 2.49d）。

（二）玉米气象灾害

玉米干旱总体呈加重趋势。东北地区春玉米干旱自 20 世纪 90 年代逐渐加重，近 10 年干旱强度每年增加 0.71。1961—2010 年，华北地区夏玉米干旱加强，近 10 年每年增加 0.55。西北地区东部春玉米干旱强度呈增加趋势，西部呈下降趋势；近 10 年西北地区中东部呈减小趋势（每年减少 0.26）。西南地区玉米干旱呈加重趋势，近 10 年每年增加 0.41。

东北地区春玉米冷害发生强度、频率呈波动减小趋势，各级冷害发生范围缩小，重度冷害发生范围＞轻度冷害发生范围＞中度冷害发生范围。西南地区春玉米生长季低温天数每生长季平均减少 2.2d，其中七叶—抽穗阶段减少最为显著（黄亿等，2017）。

华北、黄淮地区玉米高温热害近年来频繁发生，高温热害频率、日数呈增加趋势（李德等，2015；骅芸等，2020；陈怀亮等，2020）。西南地区春玉米高温天气变暖后每生长季平均减少 2.5d（黄亿等，2017）。

江淮地区玉米在 20 世纪 70 年代涝渍灾害的发生减少，80 年代后增多；涝渍灾害在出苗至抽雄阶段增加、抽雄至成熟阶段减少（张桂香等，2017）。江汉地区和江南地区玉米渍涝在出苗—拔节期和拔节—抽雄期轻、在抽雄—成熟期重。黄淮海地区玉米连阴雨频率减小，21 世纪以来较 1971—2000 年减小 6.1%（韩宇平等，2018）。西南地区玉米出苗—七叶期和七叶—抽穗期频率分别增加 12%和 15%（黄亿等，2017）。

（三）水稻气象灾害

气候变暖导致水稻高温热害发生频率、强度增加（Tao et al.，2013；熊伟等，2013；陈超等，2016；Zhang et al.，2018）。高温积温表现为长江流域单季稻区＞江南双季稻区＞华南双季稻区＞云贵高原单季稻区＞东北单季稻区（熊伟等，2016）。2000—2009 年早稻高温热害频率增加；近 10 年江南早稻高温热害强度每年下降 0.22，华南地区总体趋势不明显、近 3 年较低；江南、江淮地区一季稻高温热害强度呈减小趋势（每年分别下降 0.13 和 0.27），江汉、西南地区呈增加趋势（每年分别增加 0.17、0.16）。

水稻低温冷害总体呈减弱趋势。东北地区夏季低温冷害发生频率和面积显著减小，20 世纪 90 年代有 7 年发生，21 世纪前 10 年中有 3 年发生（余会康等，2014）。障碍型冷害发生频率在 20 世纪 90 年代较低、21 世纪前 10 年较高、2011 年以来亦增加。近 10 年华南晚稻寒露风强度呈微弱增加趋势（每年增加 0.02）。

水稻季节性干旱差异明显、总体减弱（Ma et al.，2013）。目前干旱影响大的地区干旱将减弱而目前干旱影响小的地区干旱将增强。西南地区水稻移栽—抽穗期干旱发生频率最高，其次是灌浆—成熟期、抽穗—灌浆期（张建平等，2015）。早稻干旱发生频率和范围增加，晚稻干旱发生频率增加、发生范围减小。

长江流域一季稻暴雨洪涝呈减轻趋势。移栽—分蘖期发生最频繁，几乎每年都有发生；随着生育进程，洪涝灾害逐渐减少，拔节—孕穗期和抽穗—成熟期仅在个别年份发生较多。

八、主要粮食作物病虫害发生新特征

气候变化带来的温度、湿度、光照等资源的改变，导致害虫的生长繁殖能力增强、地理分布和种群关系改变，并加重某些次要和新发生病虫害的为害程度。

（一）生长繁殖能力增加

温度升高导致害虫发育的起点提前，休眠越冬期缩短，繁殖代数增加，并延长害虫在田间的为害时间、加重为害程度。由细菌所引起的作物病害在雨湿条件较充足的年份发生严重且为害面积大，在适宜温度条件下，湿度的升高有利于大多数病菌的繁殖、扩散、侵染和病害的传播。同时，充足的光照有利于害虫的取食、栖息、交尾、产卵等昼夜节奏行为，并且影响害虫体色及聚集程度；日照时数则与害虫的生长周期有关，日照时数越短，害虫的生长和繁殖越频繁。

（二）地理分布改变

气候变暖使农业病虫害的适应范围扩大，并且导致农作物病虫害的发生和越冬界限向两极移动（王春祥，2017），原本只在25℃环境温度下生存的害虫为了寻找更为适宜的生存环境而进行迁移。主要农作物害虫的越冬范围扩大，造成其发生、为害的界限以及休眠、越冬的北界明显向高纬地区移动。气候变化导致的大气环流改变影响黏虫等迁飞性害虫往返迁飞的路径，从而使害虫集中危害的地区分布发生相应的变化（霍治国等，2014）。

（三）种群关系改变

气候变化导致生物种群关系发生变化，生物链受到破坏（Naidu et al.，1998），导致许多害虫和病原微生物的适应性和攻击性等发生变化（Gregory et al.，2009；Peter et al.，2009；Mark et al.，2010；Chakraborty et al.，2011），害虫与天敌的种间关系被打乱。气候变暖推迟越冬时间，导致害虫天敌无法发育完整的下一代，直接影响来年种群基数，使某些害虫失去天敌而为害更加严重。气候变暖不仅将害虫发育的起始时间提前，还将天敌昆虫的滞育解除时间提前，这对于害虫的生物防治来说是有利的，但是春季倒春寒也会造成天敌的大量死亡（傅小琳，2015），降低天敌的防治效果。

（四）某些次要和新发生病虫害加重

气候变化导致近年来极端气候事件频发，加上耕作制度、农药使用、播种时期的改变，可能导致某些次要病虫害和新发生病虫害程度加重。如近年来黄淮地区玉米种植面积逐年增大，棉花种植面积不断减小，各代棉铃虫在玉米上都有为害，发生范围也逐渐扩大；玉米螟、棉铃虫、桃蛀螟为害在不少地方混合发生，部分地区棉铃虫、桃蛀螟虫量远大于玉米螟虫量。蓟马原为玉米的偶发性害虫，自20世纪90年代后期以来，玉米田蓟马为害加重，多地出现蓟马为害苗期玉米的情况，严重影响玉米的正常生长，蓟马已成为华北和黄淮海玉米苗期的重要害虫（石洁等，2005）。

（五）气候变化对作物主要病虫害的影响

据统计，中国仅粮食作物的主要病虫害就有300多种，其中水稻病虫害93种、麦类病虫害146种、玉米病虫害37种、杂粮病虫害92种，还有杂食性害虫23种，贮粮病虫害30种。此外，还有农田杂草病虫害60种。由于篇幅有限，本章主要依据病虫害为害的严重性和气候变化对其影响的显著性，挑选出主要的、和气候变化关系密切的病虫害种类，重点分析气候变化对这些病虫害的影响（表2－5）。

表2－5　气候变化对作物病虫害的影响

作物	病虫害	气候变化的影响
小麦	纹枯病	温度升高促进病原菌生长，降水充沛、土壤潮湿则加重病害程度；冬季偏暖、早春气温回升快、光照不足的年份发病重
	白粉病	温度升高提高病原菌繁殖速率，阴暗、潮湿的生长环境加重后期病害。少雨地区当年雨多则病重，多雨地区如果雨日、雨量过多，病害反而减缓，因连续降雨冲刷掉表面分生孢子
	锈病	暖冬有利于病菌安全越冬，早春气温回升快，有利于锈病提早和迅速发生
	赤霉病	温度升高加快病菌繁殖，加重发病程度，导致侵染期延长，容易反复侵染
	蚜虫	气温高、干旱无雨有利于麦蚜的发生，气温增高2℃，麦蚜越冬量在黄河流域增加4～60倍，长江流域增加10～138倍；气温增高4℃，麦蚜在黄河流域和长江流域都能越冬并繁殖
水稻	稻飞虱	降水多、雨量大有利于稻飞虱迁入繁殖，使早稻区稻飞虱迁入期早于常年；暖冬利于其越冬存活
	稻纵卷叶螟	气候变暖背景下，大尺度天气系统异常导致的南方夏季多暴雨洪涝、暖湿环境利于稻纵卷叶螟的发生发展，发生期和发生程度随1—4月平均气温的升高而显著提前和加重
	稻瘟病	适温高湿、阴雨寡照的气候环境利于稻瘟病的发生流行；暖冬有利于提高病原菌孢子成活率
	水稻纹枯病	高温高湿提高病菌侵染的速度，发生程度与降水量、相对湿度相关性极小，而与田间湿度（灌水）极显著相关，其适宜温度为28～32℃、相对湿度为90%以上
	白叶枯病	多雨、高温、高湿有利于病害的暴发流行，并加深侵害程度，在气温25～30℃、相对湿度80%以上时发病最盛

（续）

作物	病虫害	气候变化的影响
玉米	二点委夜蛾	降水的增加，有利于成虫寿命延长，并增加产卵量；春季低温有利于虫期与玉米幼苗期相遇，威胁夏玉米安全
	锈病	气候变化导致锈病在中国的发生区域逐步扩大、向北扩展趋势明显；台风有利于扩大锈病传播范围
	玉米螟	暖冬有利于幼虫越冬，空气湿度>60%时更有利于玉米螟快速散布传播
	玉米大小斑病	温度升高加重玉米小斑病的发生，主要发生在夏玉米区；而大斑病则在温度较低条件下发病，主要发生在春玉米区

九、主要粮食作物品质变化

作物品质的形成是品种、基因、土壤、生产条件、农艺措施和气候条件综合作用的结果。其中品种、土壤、生产条件和农艺措施是相对稳定的因子，而造成作物品质波动的主要因素就是气候条件。气候变化引起的光、温、水、气等气候资源的变化将直接影响农作物品质的形成，同时大气 CO_2 浓度以及气象灾害发生特征的变化也将改变作物品质的形成规律。

（一）气候变化对小麦品质的影响

小麦生育期增温将导致籽粒蛋白质含量增加，淀粉和脂肪含量减少（Xiao et al.，2016；苗建利，2008；卞晓波等，2012；Osman，2020）；但也有研究发现非对称增温会降低小麦籽粒蛋白质含量，而对淀粉含量影响较小（田云录等，2011；杨飞，2009）。姚仪敏等（2015）的研究表明灌浆期增温处理使小麦的湿面筋含量、沉降值、面团形成时间和稳定时间都有增加，湿面筋含量和沉淀值均与蛋白质含量显著或极显著正相关（王月福等，2002；曹广才等，2004）。

大气 CO_2 浓度升高导致小麦籽粒蛋白质含量下降，降幅最高可达 15%，其中 CO_2 浓度升高显著提高了清蛋白含量，显著降低了醇溶蛋白和谷蛋白含量，对球蛋白含量影响不显著，CO_2 浓度对面粉品质特性也有一定的影响，研究表明 CO_2 浓度对沉降值、湿面筋含量和吸水率具有显著负效应，而对降落值和稳定时间具有显著正效应；大气 CO_2 浓度对小麦糊化特性也有一定的影响，CO_2 浓度升高显著提高了小麦峰值黏度、低谷黏度、最终黏度和反弹值，显著降低了糊化温度，对稀懈值没有显著影响（崔昊等，2011）。

谭凯炎等（2019）模拟了 21 世纪 50～70 年代可能出现的增温和 CO_2 浓度升高两种情景，结果表明复合处理下的小麦籽粒蛋白质含量均高于对照，而复合处理下的淀粉和脂肪含量并没有明显的变化趋势。因此，在不考虑品种变化影响的情况下，预计未来气候变化可能不会引起华北冬小麦籽粒营养品质的下降。

高浓度 O_3 胁迫可显著增加小麦籽粒蛋白质含量（郑有飞，2010；Ren，2020）。籽粒中淀粉含量的变化趋势与蛋白质含量的变化趋势相反，即呈下降趋势（朱新开，2010；Zhao，2018）。O_3 浓度的升高，使小麦籽粒中氨基酸含量升高 50％左右（王春乙等，2004）。

（二）气候变化对玉米品质的影响

开花期高温胁迫使玉米籽粒粗蛋白、粗脂肪含量升高，淀粉含量降低（赵龙飞等，2012），而灌浆期高温显著增加玉米籽粒蛋白质含量，降低籽粒脂肪、淀粉含量（李文阳等，2017）。

不同生育时期干旱胁迫引起作物籽粒组分含量、淀粉结构和品质的变化。开花期（抽雄吐丝期）是玉米需水临界期，水分亏缺会影响开花授粉和籽粒发育。与开花期灌溉相比，干旱胁迫使小麦籽粒淀粉粒变小，面粉糊化特征值（峰值黏度、谷值黏度、崩解值）升高（Li et al.，2015）。开花期干旱胁迫增加了籽粒淀粉含量，减少了籽粒蛋白质及其组分含量，降低了淀粉粒径和支链淀粉长链比例，进而使鲜食糯玉米回生值升高（施龙建等，2018）。

（三）气候变化对水稻品质的影响

低温胁迫导致黑龙江寒地水稻的糙米粒长、宽、厚、糙米率、最高黏度和崩解值下降，稻米直链淀粉含量、蛋白质含量、消减值均增加，起浆温度升高（王士强等，2016）。而高温也会对水稻的品质有影响，在花后增温处理下，晚粳稻加工品质无显著变化，垩白率显著增加，导致稻米外观品质变差。花后增温降低了直链淀粉含量和消减值，提高了峰值黏度、糊化温度、蛋白质和氨基酸含量（杨陶陶等，2020）。因此，花后增温改善了稻米营养品质和食味品质，但使其蒸煮品质变差。

高浓度 CO_2 情况下稻米垩白率呈增加趋势（王东明，2019；Yang et al.，2007；Jing et al.，2016）。此外，随着 CO_2 浓度增加和温度升高，糖含量上升，脂肪含量下降，蛋白质含量先上升后下降（谢立勇等，2009）。CO_2 浓度增加显著提高水稻抽穗期、乳熟期和完熟期剑叶可溶性糖含量，显著降低抽穗期和完熟期剑叶可溶性蛋白含量。总体上 CO_2 浓度增加和温度升高对稻米品质的影响以负面为主。

O_3 浓度增加导致稻米垩白率多呈增加趋势（Jing et al.，2016；沈士博，2016），使直链淀粉含量多呈下降趋势（Wang，2014；沈士博，2016），稻米蛋白质含量显著增加（Jing et al.，2016）。O_3 浓度使氨基酸总量、必需氨基酸总量和非必需氨基酸总量均增加 12％～14％（Zhou et al.，2015）。

十、农业生物多样性与生态系统服务的改变

不断加剧的人类活动与气候变化的影响互相叠加，改变了农业生态群落的结构与功能、影响着生态系统的空间格局，造成了农业生物多样性的减少、农业生态系统服务能力的降低，威胁着农业生态环境的健康和粮食安全。1992 年，联合国环境与发展大会通过了《生物多样性公约》，为全球共同保护生物多样性提供了国际合作和履约基础，公约第 8 次缔约方大会讨论了气候变化与生物多样性的结合，气候变化对生物多样性的影响和生物多样性对气候变化的适应问题逐渐受到重视。2019 年 2 月 22 日，FAO 首次发布《世界粮食和农业生物多样性状况》（“The State of the World's Biodiversity for Food and Agriculture”）研究报告。报告显示，为人类提供食物、燃料和纤维的动植物物种（以及食物链上关键的昆虫和微生物），正面临着灭绝的风险。随着粮食作物的生物多样性日益减少，全球人口的健康、生计和环境受到了严重威胁。在全球约 6 000 个粮食作物种类中，仅有不到 200 种作物为全球粮食产量做出了实质性贡献，其中有仅 9 种作物就贡献了 66%的作物总产量。全球家畜生产基于约 40 个家畜品种，其中少数几个品种就提供了绝大多数的肉类、乳品和蛋类产品。接近 1/3 的鱼类遭到过度捕捞，超过一半已经达到了可持续发展的极限。在全球 7 745 个本地家畜品种（仅存在于一个国家的品种）中，有 26%濒临灭绝。在近 4 000 个野生粮食品种中，有 24%（实际比例可能更高）数量出现锐减。很多相关生物多样性物种也面临严重威胁。这些物种包括鸟类、蝙蝠和帮助控制病虫害的昆虫、维持土壤生物多样性的生物，以及野生授粉生物，比如蜜蜂、蝴蝶。森林、牧场、红树林、海草草甸、珊瑚礁和湿地也在快速减少。

农业生物多样性是确保粮食安全、可持续发展以及很多重要生态系统服务供给的必要条件。农业生物多样性包括 4 个层次：作物遗传多样性、物种多样性、农业生态系统多样性和农地景观多样性（丁陆彬等，2019）。农业生态系统服务功能的发挥主要依靠土地利用多样性和农业生物物种多样性（Swift et al.，2004）。作为生态系统的重要组成部分，农业生态系统是一种人工-自然复合生态系统，受到自然环境和社会经济的双重影响，比自然生态系统更为复杂。农业生态系统为人类提供粮食、纤维等物质供给，同时提供固碳释氧、环境净化等调节服务以及观光、美学等文化服务。

（一）对农业生物多样性的影响

气候变化对中国农业生物多样性和生态系统服务的影响包括：①降水和温度变化、加剧的极端气候事件（干旱、台风、洪涝、火灾、冷害、霜冻期提前或推迟等）等，导致植物生长季、牲畜哺育期的变化，研究发现，气候变化改变作物物候期从而

导致生态紊乱（吴军等，2011）；②土壤肥力改变，物种入侵、病虫害、病原体、传染病媒介等发生范围、数量的改变。同时气候变化对水生生物地理化学过程的影响也导致了水生生态系统在碳沉积和碳汇方面的变化。从农业生物多样性的 4 个层次进行梳理，气候变化的影响主要如表 2-6 所示。

表 2-6　气候变化对农业生物多样性的影响

多样性类型	影　响
遗传多样性	诱发遗传变异，威胁种质资源安全和稳定 影响野生植物资源分布与迁移
物种多样性	植被物候（植物开花期和生长季的改变）、动物迁徙受阻、天敌数量减少、物种丰富度降低 外来物种入侵 物种优势功能性状降低 草地干旱胁迫导致植物叶片干物质量增加，叶片氮含量降低 CO_2 浓度升高改善了森林中植物繁殖力从而增加了物种丰富度 水温升高、海洋酸化和极端天气事件等，对珊瑚礁造成巨大威胁 授粉者不能适应气候区的改变
生态系统多样性	草地、湿地功能退化，植物地带性分布改变（纬度北扩/垂直地带性增强），林线上升 栖息地退缩、功能降低 改变结构和功能，适宜区的改变（如保护区核心区、缓冲区边界的改变） 土壤污染，土壤板结（化肥过量使用），有机质含量下降，微生物菌群的改变，土壤盐碱化 海洋酸化，水生态系统结构改变，鱼类生活环境变差 草原、森林火灾频率增加
景观多样性	农业景观均质化，生境破碎化，生境斑块离散化分布，农业景观复杂性降低

（二）对农业生态系统服务的影响

农业生物多样性是实现农业可持续发展的必要基础，为农业可持续发展提供必要的种质资源、食物、调控害虫和天敌、授粉、涵养水土和保持土壤肥力等生态系统服务功能。农业生态系统具有多功能性，能够为人类提供多重生态系统服务。农田及周边的沟渠林路、灌丛、荒草地、果园、庭院等半自然生境构成的复合景观维系了全球约 50%的野生濒危物种（刘云慧，2010）。根据 FAO《世界粮食和农业生物多样性状况》，气候变化对大多数的农业生态系统服务的影响均是负面的。受气候变化影响最多的农业相关生态系统服务包括授粉服务、病虫害调节、水质净化和废弃物处理、自然灾害调节、养分循环、土壤形成和保护、水分循环、生境供给、固碳释氧和气候调节等。

农业生态系统不仅承载着粮食生产的任务，其发挥的生态环境服务功能也越来越受到重视，一些国家和地区在制定农业发展战略时均考虑粮食生产功能和生态环境服务的综合影响。中国对于农业生态系统服务的研究尚在初级阶段，常见的是农业生态系统服务的分类和评估。如谢高地等（2005）将中国农业生态系统服务归纳为食物生产、原材料生产、景观愉悦、气体调节、气候调节、水源涵养、土壤形成和保持、废弃物处理、生物多样性保持等。从农业生态系统服务的 4 个层次进行梳理气候变化的影响如表 2－7 所示。

表 2－7　气候变化对农业生态系统服务的影响

生态系统服务类型	影　响
供给服务	生物多样性减少导致作物种质资源减少，导致作物生产的恢复力降低；CO_2 增温效应使部分地区产量增加；升温、极端天气和气候变化引起的病虫害导致作物产量和品质的下降；野生生物资源的减少，如野生菌类、果类、中药材等的减少
调节服务	传粉昆虫种类和数量减少导致授粉服务功能减弱，影响作物产量和品质；防治病虫害功能减弱，导致农业病虫害加剧，甚至导致部分农业生态系统的崩溃，如棉铃虫爆发导致华北棉花西移至新疆；固碳释氧和气候调节能力减弱，加大农业源温室气体排放，旱涝、高温、低温等农业气象灾害加剧；局地气候调节功能受损，通过温度、湿度、降水等改变微气候条件；改变作物根系在土壤中的储存条件，改变地下水的补给和地表水维持，导致水源涵养、净化功能降低；增加土壤流失的风险，导致农业土壤养分流失和盐碱化
支持服务	授粉服务功能减弱，影响作物产量和品质；土壤微生物群落多样性降低，养分循环能力减弱，影响土壤肥力和生产力；土壤污染物降解功能受到影响；脆弱农业生态系统的崩溃（如水土流失、荒漠化地区），导致居民搬迁等
文化服务	农业景观的破坏，如梯田等，影响农村旅游业的发展；传统非物质文化遗产的消失等

十一、未来主要粮食作物生产的气候风险

（一）未来气候变化趋势

图 2－1 和图 2－2 绘出了 PRECIS 模型系统（Jones，2004）模拟的 RCPs 温室气体排放情景下中国 21 世纪温度和降水变化的整体趋势（Zhang et al.，2019）。从图 2－1 可以看出，在 RCP2.6、RCP4.5 和 RCP8.5 情景下，平均温度、最高温度和最低温度相较于气候基准时段（1961—1990 年），都呈现明显的升高趋势。在 21 世纪的前半叶，平均温度、最低温度和最高温度在 3 种 RCP 情景下的上升趋势基本一致；而从 21 世纪中期以后，RCP2.6 情景下，温度的变化出现下降的趋势；在 RCP4.5 情景下，温度的变化逐渐趋于平缓；而在 RCP8.5 情景下，温度则持续升高，即使在 21 世纪末仍未能见到减缓的趋势。与温度升高的趋势相对应，降水量也会随之发生变化。由年降水量的时间变化趋势（图 2－2）可以看出，21 世纪降水量较基

准时段呈逐渐增加的趋势，但与温度的波动性相比，年际降水量的波动性很大，这表明中国的农业生产面临干旱和洪水灾害都加剧的风险。

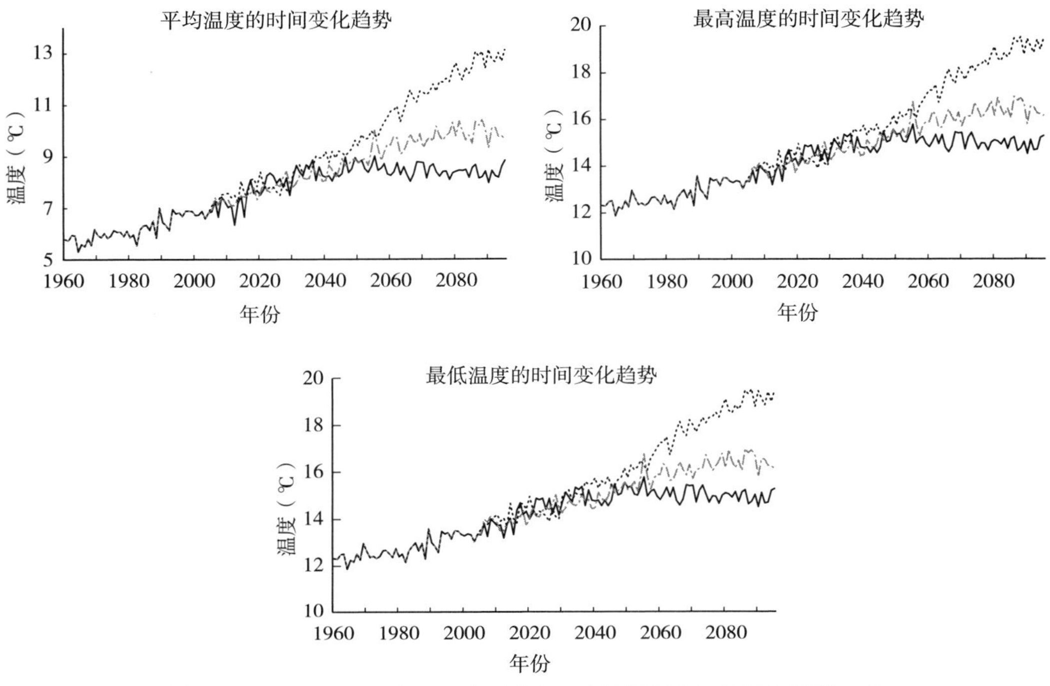

图 2-1　RCP2.6、RCP4.5 和 RCP8.5 情景下 21 世纪平均温度、最高温度和最低温度的时间变化趋势

图中实线代表 RCP2.6 情景，圆点虚线代表 RCP4.5，短虚线代表 RCP8.5

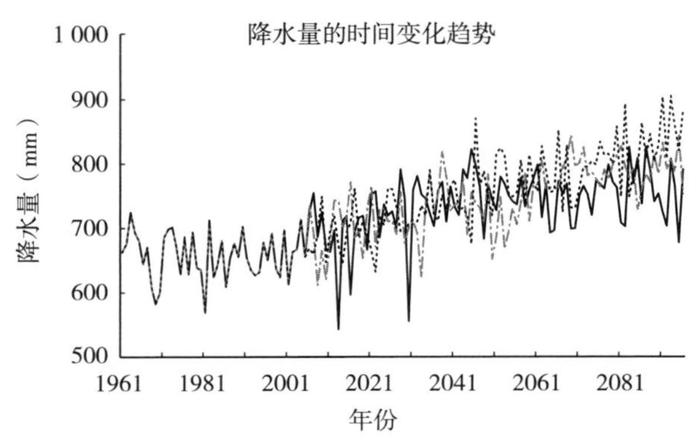

图 2-2　RCP2.6、RCP4.5 和 RCP8.5 情景下中国 21 世纪降水量时间变化趋势

图中实线代表 RCP2.6 情景，圆点虚线代表 RCP4.5，短虚线代表 RCP8.5

（二）农业气候资源变化趋势

日平均气温稳定超过 10℃，玉米、水稻等喜温作物开始播种与生长，多数作物

进入生长旺盛期。日平均气温是否达到10℃对自然界的初级生产力具有极其重要的意义，因此日平均气温稳定≥10℃期间的积温是农业气候资源评价中一个非常通用的指标。≥10℃积温的分布与纬度和海拔密切相关，除青藏高原外，≥10℃积温的总体分布特征是由北向南逐渐增加。基于PRECIS模型产生的气候情景数据分析表明，在RCP8.5情景下，21世纪50年代中国除青藏高原外大部分地区≥10℃积温的增加都在1 000℃以上，大巴山-大别山一线以南、南岭以北地区以及塔里木盆地、吐鲁番盆地的增加则超过1 500℃。在RCP4.5情景下，21世纪80年代≥10℃积温的增加幅度要小于RCP8.5情景，其中西北干旱区和黄河以南大部分地区增加幅度都在1 000℃以上，黄河以北地区增加了500～1 000℃。

在3种RCP情景下，中国稳定≥10℃积温所反映的热量条件显著改善，其中黄河以南地区和西北地区积温的增加最为明显。同时，由≥10℃积温所反映出的种植制度也发生明显变化，各种植带界限明显北移，冬小麦种植区向西北方向移动超过530km，一年三熟区界限也北扩超过360km。降水量的增加使得未来中国西北地区干旱状况有所改善，而长江以南地区则将更加湿润。未来西北地区的增暖使得农作物生长期延长，而中国东南部的中、南亚热带地区则由于降水量增加过多不利于作物生长，使得生长期有所缩短。

农业热量指标的时间变化趋势与温度相协调，和RCPs情景的辐射强迫的变化相对应，即在21世纪50年代之前各指标在两个情景下的变化趋势差别不大，呈不断上升趋势；21世纪50年代之后，各指标在RCP2.6、RCP4.5情景下增加趋势减缓，而在RCP8.5情景下则持续上升。

（三）主要粮食作物生产重大气象灾害风险

《气候变化与土地特别报告》指出，未来全球继续升温的情景下，旱地缺水、野火损失、多年冻土退化和粮食供应不稳定的风险都将处于高水平，且随着升温增幅的增加风险将更高（IPCC，2019）。未来气候变化，中国农业生产必将受到影响，主要包括作物种植范围和种植制度、农业气象灾害、病虫害、土壤、粮食产量和价格等多方面，粮食系统不稳定的风险增加。

（1）气候变暖，作物种植界限将普遍向北、高海拔扩展（杨晓光等，2011），品种将由早中熟向中晚熟品种转变，种植制度将由单一向多熟制度转变；温度叠加降水的变化将使得作物种植适宜种植区域发生变化。

（2）农业气象灾害风险将加大，其中冷冻害等低温灾害将减少，但是受其不确定性影响，变暖背景下一旦遭受低温冷害，作物受损程度将更大；中东部地区高温热浪日数将明显增强（Yang et al.，2014；Huang et al.，2018；Lin et al.，2018），长江中下游地区一季稻、南方地区双季早稻、黄淮海地区玉米等作物生长关键期受高温热害的风险将增大；东北地区干旱风险将有所增加；部分地区多种灾害将同时发生，如高温叠加干旱的强度和频率将呈现增加趋势。

（3）病虫害越冬北界将北移、传播高度升高、病源和虫源基数增加，适宜发生流行期延长、繁殖和代谢加速，外源病虫害入侵、爆发危害风险加大（IPCC，2014；白蕤等，2020；吴绍洪等，2020）。

（4）气候变暖将加剧农田土壤退化，土壤中有机质分解加快致使土壤肥力下降；荒漠化和土地退化进程加快（黄萌田等，2020），风险水平会随气候变化的幅度增大而增加（黄磊等，2020），生态系统功能更加脆弱。

（5）作物生产胁迫加剧、产量将普遍下降，在不考虑 CO_2 作用的前提下，主要粮食作物普遍存在产量降低的风险（Teixeira et al.，2013；Wang et al.，2014；Lv et al.，2018）；CO_2 肥效作用可以在一定程度上补偿温度升高导致的产量损失，但是 CO_2 浓度的升高也会致使作物吸收的碳元素增加，氮元素减少，作物蛋白质的含量降低，导致作物质量下降。同时，未来农作物产量的变率将增大、不稳定性将增加。

（6）作物产量和社会需求发生变化，农产品价格将受到明显影响。不考虑 CO_2 的肥效作用，全球粮食价格到 2050 年将上涨 3％～84％；考虑 CO_2 的肥效作用粮食价格波动范围为－30％～45％。

第三章

作物生产适应技术集成与体系框架

本章阐述中国作物生产适应技术的集成方法与构建适应技术体系的结构框架。结合作物生产面临的主要气候变化与关键气候风险，从气候变化平均趋势、极端气候事件、生态环境变化、经济社会发展等 4 个层面确定中国农业适应气候变化的技术目标，然后讨论实现目标的适应路径选择、适应技术的识别与分类、适应技术的优选，以及农业适应技术体系的集成方法；针对中国不同区域气候变化影响的特征，构建农业适应技术体系框架。

一、气候风险与适应目标

适应气候变化不是只针对单一气候要素量的变化（如温度上升、降水改变等），而是适应更广泛的气候要素与各种自然要素量、社会经济要素量之间的联动变化。通过分析，我们总结农业适应气候变化应包括 4 个方面：对气候变化基本趋势（即单要素气候量的变化）的适应；对气候波动，特别是极端天气气候事件（即多个气候要素时空组合的变化）的适应；对气候变化带来的生态后果（即气候要素和自然要素量组合的变化）的适应和气候变化带来的社会经济结构改变及贸易格局改变（即气候要素量、自然要素量和社会经济要素量之间组合的变化）的适应（许吟隆等，2014）。

（1）对以变暖为主要特征的气候变化基本趋势的适应。气候变暖叠加降水量减少引起的气候暖干化或降水量增加引起的暖湿化，对人类的生存环境、生产活动和生活方式的影响是最直接的，必须采取适应措施。除此之外，CO_2 浓度升高、风速与太阳辐射减弱及近地面臭氧浓度升高等对农业生产的影响同样不可忽视。

（2）气候变化导致气候波动加剧，其直接表现为极端天气气候事件危害加剧。适应气候变化的一项重要内容是增强应对极端天气气候事件的能力。凭借目前的技术手段，人类还不能有效阻止极端天气气候事件的发生，尤其是气象巨灾的发生，只能通过不断提高适应气候变化的能力、调整系统的布局与结构、增强受体的韧性与抗性、改良局部生境、削弱灾害源等方式来减轻极端天气气候事件的不利影响。

（3）气候变化带来全球生态与环境的巨大变化，包括海平面和高山高原雪线上升，生态系统演替和物候改变，水土流失，土地退化，土地利用与资源格局改变，生物地球化学循环改变，环境污染，水体富营养化，生物多样性减少和有害生物入侵等。相对于单纯由气候要素量变化引起的适应问题，对气候变化引起的生态后果的适应要复杂得多。

（4）气候变化引起的资源禀赋、环境容量与消费需求改变导致国内与全球各个行业生产和贸易格局的变化，加剧地区间和国际经济发展的不平衡；产业结构调整又会影响到就业与收入状况，加上极端天气气候事件危害增大与气候致贫加剧，非传统安全问题变得更加突出。气候变化还影响着人们的出行、消费、行为和心理，使社会矛盾变得更加复杂。对于这些气候变化的深远影响，都需要未雨绸缪，主动采取适应措施，使得适应的任务更加复杂、更加艰巨。

二、适应路径选择

从气候变化的角度来看，要想达到适应的目标，可以选择不同的方式或途径，每种途径都有自身的特征，在现实实践中适应行动往往综合运用多种途径或方式，从而达到最佳的效果。针对气候变化影响及风险，结合适应目标，适应的途径可以归结为4个方面：减小气候冲击、增强自适应能力、加强人为干预措施、风险转移与规避，如图3-1所示。

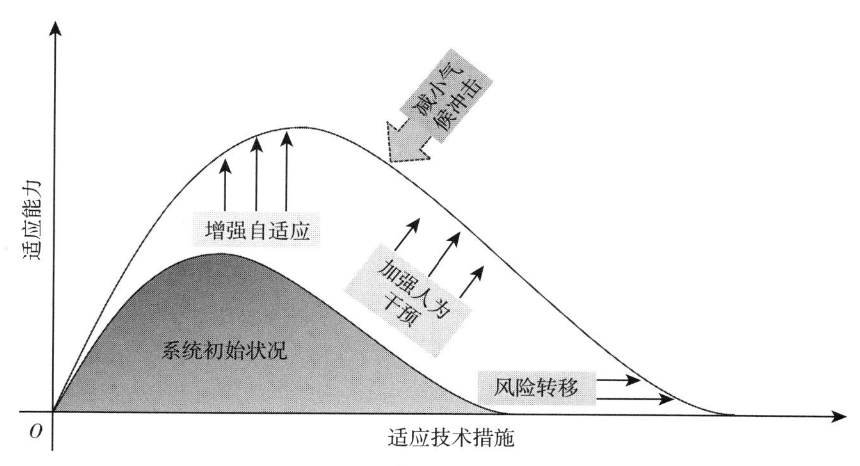

图3-1 适应气候变化技术路径

1. 减小气候冲击

在气候变化的影响未发生之前，通过改善区域环境与局部生境，减小气候变化对系统的冲击。如发展混林农业，增加农田系统生物多样性，可以有效降低大风灾害给农作物带来的冲击，同时可以有效缓解病虫害。现有农业系统，虽然采取了一定的生态措施改善农田系统环境，但并未作为重点适应措施进行示范推广，大多数适应举措都聚焦在如何调整作物及农田系统本身的应对能力。

2. 增强自适应能力

采取措施诱导提升受体自身的抗逆性，在气候变化影响发生时，增强系统的自适应能力。如蹲苗壮苗措施，在不同作物生长的关键期，面对干旱、低温、病虫害等潜在的气候灾害，并不需要马上进行人为干预，可以让作物自身承受一定的气候灾害冲击，激发出其自身的抗逆性，在此基础上进一步采取适当的人为干预措施，将对作物抵御干旱、低温、病虫害等起到非常好的效果。

3. 加强人为干预措施

当气候变化的影响发生，系统自身的能力不足以抵御气候的胁迫时，通过采取人为措施增强系统的适应能力。在农业生产中，大量适应技术措施都属于人为干预举措，如选育抗逆品种、调整播期、激光整地、精细化栽培、水肥管理、秸秆还田、抗灾减灾等措施，通过人为干预改变作物本身的抵抗能力，提高农田系统的适应能力。

4. 风险转移与规避

在采取所有的措施都不足以抵御气候胁迫的危害时，采取避让措施规避、分散和转移气候变化风险。在全球变暖背景下，各地面临的各种气候灾害有不同程度的加剧趋势，当灾害超出当地能力范畴，有针对性的准备防御不足以应对气候变化所带来的可能不利影响时，需要考虑风险规避转移的适应措施。

三、适应技术识别

（一）适应及适应技术内涵

适应是人类自古以来所形成的生物本能。为了在自然环境中生存繁衍，人类需要不断调整自身的身体机能以及自身行为，来更好地应对自然环境变化，随着人类社会的发展，适应的概念也逐步拓展到文化和社会经济等领域。

2013 年 IPCC 给出了比较明确的适应气候变化的定义。适应是对于实际发生的或预期的气候（变化）及影响的调整过程；对于人类系统，适应寻求减轻或避免损害，或者开发有利的机遇；对于自然系统，适应则是通过人类干预（措施）诱导（自然系统）朝向实际发生的或预期的气候（变化）及影响进行调整。

适应的内涵包括适应直接影响与间接影响两个方面。适应气候变化所带来的直接影响可以分为两个方面：一方面是适应气候变化的基本趋势，如全球及不同区域普遍呈现出温度升高的趋势，在国家、地区、社区、个体不同层面适应升温的措施在全球都具有可借鉴性；另一方面是适应极端天气气候事件，如高温热浪、暴雨、台风等，气候变化导致各种气候灾害发生的频率、规模、影响范围也出现新的变化，适应措施所针对的就是这些新变化、新特征。适应气候变化所导致的间接影响也可以分为两个方面：一方面是适应气候变化带来的一系列生态后果，如海平面上升、海洋酸化、次生地质灾害频发、生物多样性改变、生态系统演替等；另一方面是社会经济后果，如国家能源供需问题、城市生命线调整问题、气候致贫与气候难民问题、经济社会发展不平衡加剧问题等。

适应体现了人与自然和谐相处的理念，人类必须按照自然规律调整和规范自己的行为来适应环境，而不是盲目改造和征服自然。适应是一个动态过程。自大气圈形成以来全球气候一直在演变，生物在不断的适应中实现物种进化。人类本身也是地质史上气候变化的产物：第四纪大冰期到来迫使类人猿从树上迁移到地面，在与恶劣气候的斗争中学会制造、使用工具并产生语言，形成原始的社会形态。几千年的文明史是人类对气候不断适应、科技与社会不断进步的过程。人类社会是在对气候“不适应—适应—新的不适应—新的适应”的循环往复过程中发展起来的。因此，适应并非都是消极和被动的，在一定的意义上，适应是生物进化和人类社会进步的一种动力。

根据上述适应气候变化的定义，适应气候变化技术可以理解为为了应对实际发生或预估的气候变化及其影响，调整自然和人类系统实现趋利避害的技术手段，其中趋利是有效利用气候变化的有利方面，如温度升高、热量资源增加、光照辐射增强等，避害是减轻气候变化带来的不利影响，如干旱、洪涝、高温灾害、低温灾害、病虫害、土地退化、生物多样性减少、海平面上升等。

因此，适应技术可以定义为：针对气候变化所表现出来的局地特征和对领域部门产生的具体影响及其风险，所采取的有针对性的技术措施以减轻系统的脆弱性、减弱气候变化的不利影响，并尽可能地利用气候变化的有利影响所带来的机遇。

（二）气候变化问题的针对性

为了解决现阶段适应气候变化面临的技术判别不清晰问题，进而构建适应气候变化技术体系，推进适应气候变化行动高效有序地开展，需要首先建立适应气候变化技术识别标准，为适应气候变化技术的筛选、分类、效益评估奠定基础，充实适应气候变化机制、机理以及适应气候变化方法学的研究内容（李阔等，2015）。

1. 适应气候变化技术识别是构建适应气候变化技术体系的基础，是适应气候变化方法学的重要组成部分

通过对气候变化及其影响的分析与适应技术研发示范，明确适应技术所针对的气候变化问题，有效区分应对气候变化技术的减缓与适应功能，形成适应气候变化技术识别标准。

根据 IPCC 第 5 次评估报告，适应气候变化必须遵循有效适应原则，适应未来气候变化的第一步是降低风险并考虑脆弱性和暴露度的动态变化。由此可见，适应气候

变化技术首先应与所面临的气候变化问题密切结合在一起。在实践中，常常出现“什么都是适应或什么都不是适应”的状况，主要是由对适应技术的认识不清晰所导致的，只有为解决气候变化问题而采取的应对、调整手段才能称之为适应气候变化技术。适应技术必须紧紧围绕气候变化问题，如果一项技术措施仅仅解决了生产实践中的常规问题，但并未解决气候变化所带来的具体问题，那么是不能称为适应技术的；如果一项技术措施既能解决常规问题，又能解决气候变化问题，那么该技术就具备了适应的条件，但需要区分其适应方面与常规方面的含义；因此，适应技术的核心判别标准是气候变化问题的针对性，只有明确了气候变化及其影响所带来的问题，理清该技术与气候变化问题之间的关系，才能判断该技术是否为适应技术。

2. 适应技术具有显著的区域特征

气候变化对不同区域的影响往往差异显著，因此适应所要解决的主要气候变化问题也各有侧重。例如，针对气候变化背景下沿海城市面临的台风、风暴潮、海平面上升等极端事件加剧的情况，开展城市基础设施极端气候事件防御适应及灾害应急系统适应工程建设；针对华北地区暖干化趋势下地下水超采、地面沉降、海水入侵等问题，改造城市水系统，建设集雨工程、地下水回灌工程，推广综合配置水资源经验；针对东北地区受气候变化影响水土流失加剧、黑土肥力下降等问题，开展农田保育、生态修复、水利配套建设等多层面黑土地保护治理适应工作；针对气候变化影响下西南地区森林虫害、火灾加重问题，开展低效林改造并建立监测预警与应急防控体系；针对西北地区受气候变化影响生态承载力进一步下降的趋势，采取生态移民适应措施，发展设施农业、节水种植、特色养殖等产业。

适应气候变化技术古已有之，人类在生产过程中早已开展了适应气候变化的实践。由于气候变化等自然因素的作用，自战国经西汉直到明清时期，中国北方地区的农牧过渡带发生了很大变化，不断驱使人们调整和改变既有的生活和生产方式来适应这种变化。当代人类以主动或被动方式适应气候变化的尝试已涉及农业、林业、草地畜牧业等不同领域和不同区域，取得了重要成果，积累了宝贵经验。这些适应技术往往与常规技术结合在一起，都是为了解决生产实践中的具体问题，不容易被区分开来。例如，节水灌溉一直是干旱半干旱地区的重要农业抗旱技术，其中渠道防渗是应用最普遍的农田节水灌溉技术，古代就开始砌石防渗，现代进一步开发了混凝土防渗、塑料薄膜防渗，该技术能大幅度降低农田灌溉过程中的输水渗漏损失，有效提高水资源利用效率，在水资源短缺的地区有非常好的效果。受气候变化的影响，华北地区的暖干化趋势明显，节水灌溉能够有效缓解该地区的干旱与水资源短缺情况，因此渠道防渗、滴灌、喷灌、覆膜灌等节水灌溉技术既是抵抗干旱、缓解水资源短缺的常规技术，也具有降低气候变化影响的适应属性；但西北地区受气候变化影响呈现暖湿化倾向，降水有增加的趋势，而西北地区的干旱状况不会显著改变，因此节水灌溉在该地区仍是必要的常规措施，但并不能作为针对气候变化所带来问题的适应措施。由此可见，适应气候变化技术必须紧紧围绕所针对的气候变化及其影响，同一项技术在不同地区不一定都具有适应效果，最重要的判别标准是能否减轻气候变化所带来的不利影响。

现阶段适应技术大多与常规技术结合在一起，专门针对气候变化所研发的适应技术还非常少，在生产实践中，农业、林业、水资源等不同领域的常规应对技术能否成为适应技术，其关键在于是否对具体区域的气候变化问题产生有利效果。因此适应气候变化技术识别的关键在于如何将技术的适应方面与常规方面区分开来。

（三）减缓与适应的功能区分

有效区分应对技术的适应方面与减缓方面是适应工作的重要标准。许多减缓技术都具有适应效果，二者往往紧密结合在一起，很难被区别开来，这也造成了对适应技术认识的混淆与不清晰，因此有效区分减缓技术与适应技术、技术的减缓效用与适应效用是识别适应气候变化技术的重要标准。

国际社会已经明确认识到，减缓与适应是应对气候变化的两大基本对策（表 3-1），二者相辅相成，在应对气候变化方面同等重要、缺一不可。IPCC 第 5 次评估报告指出，减缓与适应之间存在显著的协同-权衡效应。减缓可以通过减少温室气体排放和增加固定和吸收来降低大气中温室气体的浓度，是遏制全球气候变化的根本措施。但减缓气候变化关乎各国核心利益，国际社会关于适应气候变化的谈判步履维艰；发达国家与发展中国家在减缓手段与技术上存在很大差距，大多数技术手段掌握在发达国家手中，受到商业利益、专利保护、贸易壁垒等因素的影响，发达国家对发展中国家的技术转让进展缓慢；而发展中国家大多面临着减缓技术缺失、资金不足等多重困难而无法完成减排目标。因此，现阶段气候变化减缓行动并不能彻底阻止气候变化，气候变化的影响在相当长时期内将持续产生作用，适应气候变化显得尤为重要。

表 3-1　应对气候变化内涵

项目	应对途径	具体措施
应对气候变化	减缓	减排温室气体
		可再生能源利用
		植物光合固碳
		碳捕集/碳封存
	适应	气候变化平均趋势
		极端气候事件
		生态后果
		社会经济变化

减缓针对的是导致气候变化的胁迫因子——温室气体，适应针对的是气候变化及其影响，两者作用的对象不同，但都是应对气候变化的技术。二者从不同角度指导人类如何更好地应对气候变化及其影响。减缓技术涵盖了工业、农业、林业、能源等社会经济生活的不同领域，以减排温室气体为主，如工业生产中采用新手段、创新流程、应用新能源、循环利用等不同技术措施减少 CO_2、CH_4、N_2O 等温室气体的排放，农业领域采用技术措施减少反刍动物 CH_4 的排放、水稻种植过程中 CH_4 的排放、施肥造成的 N_2O 排放和动物废弃物管理过程中 CH_4 和 N_2O 的排放。

现阶段国内外已开发出许多专门的减缓技术，包括钢铁行业的高炉喷煤、CO_2 捕集、熔融还原等技术，石油化工行业的烧碱先进离子膜、大型密闭电石炉等技术，铁路行业的内燃机节油、铁路电气化等技术，公路行业的电动汽车、生物柴油等技术。这些技术往往具有明显的减缓效果，但其适应效果不显著或者仅具有部分适应效果。有些技术措施适应效果较为突出，同时具有减排效果，如推广秸秆还田、精准耕作、少免耕、草畜平衡、禁牧休牧轮牧、退牧还草等技术，针对林业，实施宜林荒山荒地造林绿化、退耕还林、封山育林、生物多样性保护、森林火险与病虫害预警等措施。这些技术措施一方面能够趋利避害，适应气候变化及其影响，另一方面可以有效减少农业、林业、草地畜牧业的温室气体排放并增加碳汇。农业、林业、水资源、草地畜牧业、海洋等领域，大多数减排增汇技术往往具有适应效果，而对于工业、能源、交通、建筑等行业，其适应效果往往不显著。除此之外，有些技术措施，仅具有适应效果，不具备减缓作用，如抗逆品种选育、种植结构调整、有害生物防治、监测预警技术、防洪抗旱工程、公共卫生设施建设等，这些技术措施往往针对气候变化及其所带来的影响，通过调整人类自身行为趋利避害，但未能对温室气体减排起到作用。

从不同尺度来看（表 3－2），在行业与领域层面，减缓技术与适应技术往往涉及具体的技术方面，有针对性地解决不同领域或行业的具体问题；在区域与国家层面，减缓与适应大多涉及政策、法规、措施方面，从全局出发对行业标准、技术规范、产业结构、发展规划等进行修订调整；在全球层面，减缓与适应大多涉及国际谈判、技术壁垒、资金筹集等方面，如减缓技术转让、碳排放交易市场、适应专项资金筹集机制、国际跨流域合作适应行动等。因此有效区分技术的减缓效果与适应效果，对于适应气候变化技术体系构建具有重要的意义。

在不同领域和不同区域，适应技术与减缓技术有的界限分明，有的则混淆不清。针对这种情况，在明确气候变化问题的基础上，区分应对气候变化技术的减缓与适应功能，是准确识别适应技术的重要标准。只有将适应意义与减缓意义清晰地区分开来，才能对适应气候变化技术有明确的界定，为构建适应技术体系，揭示适应气候变化技术机制提供有力的支撑。

表 3-2 减缓与适应技术措施的区别

项目	单纯减缓技术措施	减缓为主、适应为辅技术措施	适应为主、减缓为辅技术措施	单纯适应技术措施
行业/领域	CO_2 捕集技术 大型密闭电石炉技术 高炉喷煤技术 烧碱先进离子膜技术等	电动汽车技术 生物柴油技术 内燃机节油技术 铁路电气化技术等	退牧还草 退耕还林 封山育林 草畜平衡 秸秆还田 禁牧休牧轮牧等	抗逆品种选育 种植结构调整 有害生物防治 监测预警技术 防洪抗旱工程 公共卫生设施建设等
区域/国家	石油化工等行业标准调整 制造、交通等行业技术规范修订 高能耗、高污染产业结构调整等		自然保护区规划建设 劳动防护标准修订 可再生能源规划布局 综合适应规划、战略 适应气候变化立法	
全球	减缓技术合作开发 减缓技术转让 减缓谈判 碳排放交易市场等		适应气候变化经验分享 适应专项资金筹集机制 国际跨流域合作适应行动 最脆弱不发达国家适应行动支援等	

（四）识别标准前瞻

适应气候变化技术是应对气候变化行动的重要举措，适应气候变化技术的识别标准是揭示适应气候变化机理的重要方面。通过对气候变化以及适应、减缓技术的分析，目前初步提出了适应气候变化技术识别标准：气候变化问题针对性、减缓与适应的区分。但对适应技术识别标准的研究尚处于初步阶段，还有很多问题有待探讨。

（1）现阶段提出的适应技术往往与适应措施混在一起，造成诸多理解上的障碍。广义来看，适应技术包含适应措施、对策、政策等方面；狭义来看，适应技术仅指具体的技术。在适应技术识别过程中，将不同层次、不同尺度适应技术的内涵明确下来，对于适应技术体系的构建具有重要意义。

（2）对适应气候变化技术的判别，现阶段都停留在定性描述上，这客观上导致了适应气候变化技术识别、筛选的不精确，限制了人们对适应气候变化技术的认识和理解。适应气候变化技术的定量化是适应气候变化理论研究的重要方面，使适应技术像减缓技术一样能够量化判别，是今后的一个重要研发方向。

适应气候变化研究逐渐成为气候变化领域的研究热点。从科研层面来看，适应技术识别标准必然逐步走向定量化，如同减缓的量化指标，但难度仍很大，适应对象千差万别，现阶段无法统一量化；从管理层面来看，适应技术的识别不但与客观的技术紧密结合，还与社会价值观、风险认知、利益驱动等方面息息相关，不同区域的传统知识体系和惯例往往是适应气候变化技术措施的主要来源，将适应技术与区域自然、社会、文化有机结合起来，将极大地推进适应技术的识别；从技术层面来看，需从不同领域、不同区域、不同时间尺度、不同层面、不同属性等方面进行适应技术识别，围绕气候变化影响，建立完善而详尽的适应气候变化技术体系。国内外对于适应气候变化理论、机制、方法的研究尚处于起步阶段，本研究从实践出发，对适应气候变化技术识别进行了研究，丰富并充实了适应气候变化理论，为适应气候变化技术体系构建奠定了基础。对于适应气候变化技术识别、筛选、分类、集成、效果评估、适应机制建立等方面的研究将成为今后适应气候变化研究的主要内容，并将逐步建立适应气候变化研究的方法体系。

四、适应技术分类

适应气候变化技术分类体系研究是为了从不同角度清晰地认识适应技术，实现适应技术集成并构建合理有效的技术体系。通过分析整理已有的适应气候变化技术，可以发现，各种适应技术往往混在一起，对研究者、决策者、社会大众等造成了认识上的困扰，不利于国家各个层面适应研究与适应行动的开展。本研究认为，现阶段适应气候变化技术分类体系面临的核心问题是导向不明确，导致对适应技术层次、分类认识的不清晰，使得适应技术的分类体系无法形成统一的脉络；适应气候变化技术的最终目的是应对气候变化所带来的影响，因此分类体系应当以气候变化影响为导向，梳理适应气候变化技术，将气候变化影响与适应技术有机结合起来，从而形成适应气候变化技术分类体系。另外，适应气候变化技术分类容易与分层混淆，导致人们认识出现偏差，分层往往是分类的一种，若将分类与分层同时考虑，其实是同时开展了两种不同方式的分类，因此本文将适应气候变化技术分类与分层区别开来；在构建适应气候变化技术体系过程中，往往需要将不同类别、不同层次的适应技术进行集成综合，最终形成有机的整体，因此适应技术分类体系的构建是十分必要的（李阔等，2016)。

气候变化影响研究是开展适应气候变化行动的前提，因此明晰气候变化影响的发展趋势对于适应气候变化至关重要。诸多研究表明，气候变化导致地表环境与自然生态系统发生深刻变化，从而对中国的农牧业生产、水资源、森林和草地生态系统、人体健康、沿海地区等社会经济的各个领域造成了很大影响，并且这些影响以负面为主。

适应气候变化技术分类，可以有非常多的方式，不同的分类方式展现了适应技术的不同属性（图 3-2)。适应技术分类的目的是加深认识、构建有效的适应技术体系，因此从气候变化影响角度和适应技术使用者角度开展分类研究，例如按照适应技术的时空尺度、适用范围、目的、层次、效果、过程等不同角度进行，更能与适应技术集成相结合；而其他类别的分类方式，例如适应技术的类别、使用方式、难易程度、有效程度等，虽然能加深对适应技术的认识，但对于适应技术体系构建仅起到辅助作用。因此，在本研究中主要从适应气候变化技术集成与体系构建角度对适应技术进行分类研究，将气候变化影响与适应技术紧密结合起来，形成适应气候变化技术分类体系。

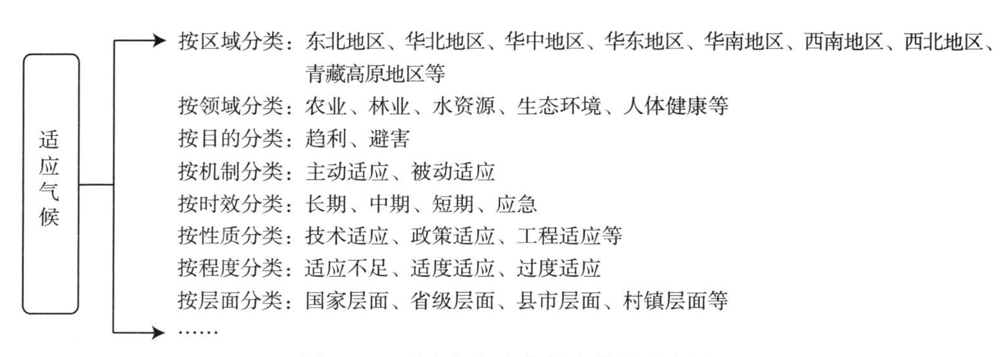

图 3-2　适应气候变化技术分类示意图

（一）按照过程分类

从气候变化影响过程来看，可以将适应气候变化技术分为气候变化影响发生前、发生时和发生后 3 类。在气候变化的影响发生之前，需要采取措施减小气候变化的冲击，改善区域环境与局部生境。在气候变化影响发生时，利用受体的自适应能力，采取措施诱导受体自身的抗逆性，增强受体的恢复力和利用有利因素的能力；如果受体自身的能力不足以抵御气候变化的影响，通过采取人为措施调整受体结构与功能。在气候变化影响发生后，所采取的措施不足以抵御气候变化的影响时，采取避让措施规避和转移气候变化的风险，即风险的时空规避，风险的分散和转移。以农业、林业、草地畜牧业为例，对适应技术按照气候变化影响过程进行的分类见表 3-3。

表 3-3　根据气候变化影响过程对适应技术（农业、林林、草地牧业）进行分类

项目	气候变化影响发生前	气候变化影响发生时	气候变化影响发生后
农业	农业生态建设、人工影响天气、灌溉设施建设、耕作措施、地膜覆盖、培肥土壤、病虫害防治等	利用自适应能力：选用抗逆品种、种质资源保护和基因库建设、合理轮作、间套作等 增强适应能力：培育抗逆品种和高光效品种、抗旱抗寒锻炼、蹲苗、化控、整枝、培育壮苗、种植结构调整（包括种植制度调整、作物布局调整、品种结构与布局调整 3 个方面）等	风险规避：调整播期、空间转移、农业保险、转型规避等
林业	林业生态建设、林业基础设施建设、栖息地保护与恢复、森林火险防控（非防火期林内可燃物计划烧除）、有害生物防治等	利用自适应能力：就地保护、优良抗逆树种选用、自然种群繁育、种质资源保护和基因库建设等 增强适应能力：优良抗逆树种选育、林分结构调整、人工种群繁育、人工补饲、避难所建设等	风险规避：廊道建设、迁地保护、防火隔离带、林业保险等

(续)

项目	气候变化影响发生前	气候变化影响发生时	气候变化影响发生后
草地畜牧业	草地生态建设、草地畜牧业基础设施建设、虫鼠害统防统治、草原火灾防控、动物防疫等	利用自适应能力：抗逆牧草品种选用、抗逆畜禽品种选用、种质资源保护和基因库建设等 增强适应能力：培育抗逆牧草品种和抗逆畜禽品种、人工草地改良、畜群结构调整、牧草品种和饲料结构调整，越冬饲草料储备等	风险规避：季节性放牧、划区轮牧、草地畜牧业保险等

(二) 按照区域/领域分类

中国幅员辽阔，气候特征变化多样，因此将区域与领域结合起来对气候变化影响特征进行分析，再针对性地开展适应气候变化技术分类更具有现实意义（表 3-4）。针对气候变化特征以及中国地貌特征的不同，可以分为东北地区、华北地区、华东地区、华中地区、华南地区、西北地区、西南地区、青藏高原地区等 8 个区域。在每个区域内，不同领域面临的气候变化问题既有差别也有相似之处，但不同领域需要采取的适应技术措施完全不同，各个领域在不同区域都有所侧重，东北地区重点需要关注粮食生产，东部沿海城市则侧重于海岸带防灾减灾与海岸带环境保护，西南地区侧重于地质灾害防治，西北地区重点解决干旱缺水问题，华中地区侧重于旱涝灾害与农业生产，青藏高原则重点关注生态环境保护。

以东北地区为例，近 50 年来气温上升显著，降水总体呈现减少趋势，东北西部特别是吉林省中西部地区干旱趋势加重，土地荒漠化和盐渍化越来越严重，病虫害呈现加剧趋势，冷害频发。东北地区农业领域对气候变化最为敏感，因此从种植结构调整、农艺技术改变、品种选育、工程建设等方面都开展了相应的适应行动，一方面有效利用增加的热量资源，扩大农作物种植面积，其中对水稻扩种明显，另一方面为应对气候变暖导致的灾害频发、环境退化等问题，免耕覆盖栽培技术、测土施肥技术、耐旱高产优质品种选育、节水灌溉技术、中小水库修建、沃土工程建设等一系列适应技术措施被不断研发并使用推广。对于以上每一类适应技术措施，可以根据其技术特点进一步细分，如节水灌溉技术，在东北地区不同的区域，针对不同的干旱程度（轻旱、中旱、重旱），可以具体采取渠道灌溉、喷灌技术、膜下滴灌等不同的节水技术，其中具体实施步骤应根据当地情况适当调整。在东北地区林业领域，受气候变化影响，森林可燃物增加，火灾发生频率增加，森林病虫害种类、爆发范围、强度都有一定程度的增强。针对以上影响，林业领域应当从灾害监测预警、生态环境保护、工程建设等方面采取适应技术措施，包括林火、病虫害监测预警体系、防火隔离带建设、有害生物防控技术、低产低效林改造、濒危树种培育、珍稀濒危物种栖息地保护、天然林保护建设等。从全国角度来看，东北地区是中国重要的粮食产区，气候变化所带来的影响可能引起粮食产量的巨大波动，因此农业领域的适应气候变化技术措施应当是东北地区关注的重点。

表 3-4 从区域、领域两个层面，对适应技术进行分类，可以更加深化对适应技术的认识，理清气候变化影响与适应技术之间的关系，为有效建立适应气候变化技术体系奠定基础。基于以上认识，从东北地区、华北地区、华东地区、华中地区、华南地区、西北地区、西南地区、青藏高原地区等 8 个区域，以及农业、水资源、生态环境等 3 个领域，对适应气候变化技术进行了综合分类分析，初步构建了基于区域与领域气候变化影响的适应分类体系。

表 3-4 全国 8 大区域与 3 个领域适应气候变化技术综合分类概表

区域	农业领域	水资源领域	生态环境领域
东北地区	水稻和冬小麦种植区适度北扩 适度提早播种和改用生育期更长的品种 推广管灌、滴灌等节水灌溉方式与节水栽培技术等	实施跨流域东水西调工程 加强中小河流水库的兴建和维修 控制地下水过度开采，尤其是湿地周边地下水的开采等	实施西部防风治沙与天然林保护工程 实施沃土工程，推广黑土地保护性耕作技术，遏制黑土地退化 保护湿地资源和生物多样性等
华北地区	冬麦北移 调整适应干旱缺水的种植结构与作物布局 研发推广抗旱优质高产品种 集成节水灌溉与农艺节水技术，大力发展节水高效设施农业等	修订地下管线的设计和维护标准，加强地下排水管线建设，减轻城市内涝 控制地下水超量开采，实施雨季回补 合理配置、高效使用南水北调资源等	严重退化草地禁牧封育 沙化严重农田退耕还林还草 优化首都圈城市规划布局，缓解资源环境压力 调整产业结构，严格控制高耗水高污染产业等
华东地区	开展精细化农业气候区划 平原农田平整土地实现园田化 收集保存各类抗逆丰产动植物品种资源，建设基因库与种质库等	提高台风、洪涝及重大海洋灾害的监测及预警水平 建立和完善对过境台风的省市联动的应急体系等	恢复原有红树林，利用变暖的条件适度北扩 修订区域污水排放标准，生物措施与工程措施结合综合治理水环境，削减陆域污染物入海量 改善城市人居环境与城市生态结构，缓解城市热岛效应 保护沿海滩涂湿地，建立珊瑚礁、红树林等海洋自然保护区 建立海洋环境事件应急系统等
华中地区	选育抗逆适应品种，加强抗旱防涝减灾技术开发应用及再生稻等灾后补救技术等	充分发挥水利枢纽工程的调度作用，加强上游防洪、堤防加高加固、改善排水系统 滞蓄洪区的保护与合理利用等	上游水土保持和现有湖泊的综合治理，湿地的保护与恢复 发挥湿地的生态功能，减轻旱涝灾害，保护生物多样性 合理规划城市布局，扩大城市绿地面积与水面，改善城市气候，调整建筑设计标准，调节居室环境 血吸虫病潜在风险区的监测网络建设，改进气候变暖条件下血吸虫病的防控技术等

（续）

区域	农业领域	水资源领域	生态环境领域
华南地区	充分利用华南热量资源丰富的优势 适度北扩发展热带亚热带经济作物、水果与冬季蔬菜生产等	完善南海台风及其次生灾害的监测预警体系，增设南海岛礁监测站点 完善防台工程体系，加高加固海堤，修订沿海及海洋工程设计防护标准 建立咸潮监测与预警体系，加强上游水利枢纽工程建设和联合调度 加强城市节水、城市防洪排涝系统等	利用山区有利地形，建立干旱、高温、寒害等灾害的防灾减灾体系 加强红树林与珊瑚礁自然保护区的管理和养护，控制陆源污染物的排放 提高城市绿地覆盖率，改善居住环境，减轻热浪危害等
西北地区	开展坡改梯和沟坝地农田基本建设 推广集雨补灌措施 发展区域特色农业，改善生计 推广膜下滴灌等节水灌溉技术、地膜、秸秆覆盖技术、化学抗旱技术和耐旱品种等	新建一批骨干水库与水利枢纽工程 实施地表水-地下水联合调度 建立信息采集平台和冰雪融水监测预警系统 实时监测固体水资源动态，预防洪旱灾害等	实施小流域综合治理，控制水土流失 推广季节放牧与冬春舍饲相结合和牧区与农区合作易地育肥模式 陡坡退耕还林还草等
西南地区	构建不同类型地区（河谷平原、低山丘陵、高原等不同地形与热带、亚热带、温带等不同气候带）的特色立体农业适应气候变化技术体系等	在干旱缺水山区兴建蓄水塘库 灾害监测信息共享、预警与多部门协调联动，在灾害频发区建设示范避险场所	在石漠化典型区建立工程措施与生物措施结合的综合治理示范区 编制山地灾害风险区划，分类指导 新建一批并完善现有自然保护区的管理，建立生态廊道、珍稀动物养殖场和种质库，减少环境威胁 在气候变化情景下保护生物多样性等
青藏高原地区	发展河谷特色农业 推广转光薄膜，扩大设施蔬菜花卉生产等	协调上、中、下游需水，按流域统一管理优化配置水资源，建设骨干水利过程和基础水利设施等	以草定畜，实施退牧还草和生态移民 建设人工草地，修复退化草地 推广农牧耦合循环经济方式，发展新型生态畜牧业，坚持草畜平衡，加速草地改良与生态恢复 三江源湿地保护，划分生态保护与限制开发区，实现生态自然恢复与人工修复 建立健全牧区暴风雪、高原东部山地灾害、河谷低温霜冻等防灾减灾协调体系，编制各类灾害应急预案

（三）其他分类

按照气候变化影响过程、影响领域、影响区域分类，为建立适应气候变化技术措施分类体系奠定了基础。由于适应技术措施千差万别，其属性也各不相同，因此对于适应技术的分类没有穷尽，如从空间尺度、时间尺度、适应目的、适应效果、适应主体、适应机制、适应程度、适应成本等方面分类（表 3-5）。这些分类对于建立适应气候变化技术体系具有很好的辅助作用，可以使人们更清晰地认识适应气候变化技术措施的内涵，但就实用性而言，适应技术措施必须与具体区域、具体领域的气候变化影响相结合，才具有很好的操作性与现实指导意义，因此本文重点对适应过程、适应区域、适应领域分类进行了阐述，对于其他分类则进行了简要介绍与梳理。

表 3-5　适应气候变化技术其他分类方式概表

项目	分类方法				
	适应目的	适应机制	适应程度	适应时效	适应层面
适应分类	趋利适应	主动适应	过度适应	长期适应	国家层面适应
				中期适应	区域层面适应
			适度适应	近期适应	城市层面适应
	避害适应	被动适应			村镇层面适应
			适应不足	应急适应	社区层面适应
					个人层面适应

1. 适应目的

从最终目的来看，适应气候变化技术措施主要分为两个方面：趋利与避害。趋利适应是指以充分利用气候变化带来的有利因素和机遇为主要目标的适应措施，避害适应则是以规避和减轻气候变化不利影响为主要目标的适应措施。趋利适应的核心是有效利用气候变化所带来的有利影响，如热量增加，生长期延长等；东北地区水稻和玉米扩种是典型的趋利适应措施，随着气候变化东北地区温度的升高增加了作物生长季的热量资源，为作物布局的调整提供了可能，水稻种植范围自 20 世纪 80 年代以来逐渐向北部地区推移和扩展，同时玉米从平原地区逐渐向北扩展到了大兴安岭和伊春地区。避害适应的核心是尽量减轻或避免气候变化带来的不利影响，如干旱、洪涝灾害加剧等的影响；在气候变化背景下，华北地区、东北地区、西北地区东部和西南大部的气候持续暖干化，降水量明显减少，生长季延长使作物需水量增加，社会经济发展不断挤占农业用水，使得这些地区的农业干旱不断加剧，针对不同区域的具体情况，调整新建水利工程布局，维修已有水利设施，完善灌溉系统，推广节水灌溉，调整种植结构和作物布局等措施成为典型的避害适应措施。因此，气候变化在对人类环境带来巨大挑战的同时，也带来了某些有利因素。适应气候变化，既要考虑趋利，也要考虑避害，力求二者的有机结合，取得最大的适应效果。

2. 适应机制

根据适应机制，可以将适应气候变化技术分为主动适应技术与被动适应技术。主动适应技术是指人类针对气候变化及其带来的影响，主动采取措施应对气候变化，包括目前绝大多数已知的适应技术，适应概念本身就包含了“调整人类行为”，因此适应技术一般都带有人类的主观能动性，其中对于人类能够有效预测的气候变化及其影响，往往能采取有效的适应措施。以应对洪涝灾害为例，受气候变化影响，中国部分流域极端气候、水文事件频率和强度可能增加，因此有针对性地开展流域洪涝灾害预测预警研究，制订洪涝灾害应急预案，加固提高重点河流堤防等适应措施，都可以看作主动适应技术。被动适应技术是指针对人类未能预测的气候变化及其影响，以及人类自身能力不足，所导致的人类未能预先做出反应并采取有效措施，只能被动地根据具体情况采取应对措施，如部分针对突发事件的适应技术与措施；仍以洪涝灾害为例，气候变化影响下一些流域极端洪涝灾害暴发的可能性增加，尤其是近年来其所引发的城市内涝问题越来越严重，造成该问题的关键是对气候变化背景下城市内涝发展变化趋势的认识不清晰，从而导致各种提前预防措施、灾中应对措施、灾后补救措施准备不足，在这种情况下采取的城市交通管制、排水管道临时维护、人员车辆临时救援等一系列措施应该划分为被动适应技术。随着全球气候变暖，在应对气候变化过程中应当更多地采取主动适应技术，被动适应技术可以作为必要的补充，实现适应效果的最大化。

3. 适应程度

适应气候变化技术措施从程度方面分类，可以分为适应不足、适度适应和过度适应。适应不足是指对气候变化的影响或适应技术本身的认识不清晰，导致所采取的适应技术措施不能达到预期的效果，不足以充分减轻气候变化的不利影响或充分利用气候变化带来的某些机遇。如华北地区面对气候暖干化的趋势，仅采取农业灌溉节水措施远远不能缓解缺水压力，因此需要从农业、工业、城市、人们生活等所有涉及用水者的角度综合进行考虑，多层面、全方位采取以开源节流为原则的适应技术措施，才能最终有效缓解气候变化与人类活动共同作用导致的缺水局面。过度适应则是指针对气候变化影响所采取的适应措施过多、过杂，虽然可取，但没有重点，导致资源、人力、物力的浪费，反而带来一些负面效应或需要过高的成本。如在海岸带地区，气候变化导致海平面上升，台风与风暴潮灾害威胁加剧，沿海有条件的城市为了抵御未来的灾害侵袭，在未有效评估气候变化所带来的影响的情况下，将沿海堤防过度加固加高，造成经济资源的浪费。适度适应是在有效评估气候变化及其所带来的影响的前提下所采取的有针对性的适应技术措施，适度适应是人类在应对气候变化过程中的合理有效手段，即在对气候变化及其影响进行科学分析、准确把握的基础上，采取针对性强、经济合理、技术可行的适应措施，能够获得良好的经济效益、社会效益和环境效益。

4. 适应时效

根据适应技术的时效性，可以将适应气候变化技术措施分为长期适应技术、中期适应技术、近期适应技术与应急适应技术。长期适应技术是指针对气候变化及其所带来的长期影响，采取有效的适应技术措施进行应对，往往包括长期适应规划的制定、长期适应战略的制定、标准（工业、施工、材料等）的制定、重大工程与系统工程的建设等；时间尺度约几十年，有些重大工程建设甚至需要考虑到未来上百年的气候变化。中期适应技术是指针对气候变化及其所带来的中期影响，采取合理有效的适应技术措施进行应对，主要是针对未来一二十年气候变化所采取的适应措施，包括中期适应方案的制定、适应品种的选育、防灾减灾体系的构建等。近期适应技术是指针对气候变化及其所带来的近期影响，采取合理有效的适应技术措施进行应对，包括种植结构调整、节水灌溉技术、林分结构调整、生态环境保护等大多数目前正在采取的适应技术。应急适应技术是指针对气候变化导致的干旱、洪涝、低温、高温等灾害，采取应急措施进行应对，包括抢险救灾措施、灾后重建措施、避险移民措施等。以上 4 类适应只是从时间尺度上的大致划分，相邻类型之间并无严格的界限。时间越长，适应对策越宏观，侧重战略性和政策性措施；时间越近，适应对策越微观，侧重战术性和技术性措施，更加强调可行性与可操作性。

5. 适应的层次

适应气候变化技术从空间尺度来看，可以划分为国家层面适应技术、省级层面适应技术与城市层面适应技术。更进一步细分，可以分为国际层面适应技术、地区层面适应技术、村镇层面适应技术、个人层面适应技术、家庭层面适应技术、企事业单位层面适应技术等。国家层面适应技术，主要是指针对国家尺度面临的气候变化问题，所采取的全局性适应技术或措施，如制订国家适应规划、适应行动方案，制定适应战略、适应法规，统筹适应专项资金等；省级层面适应技术主要是指针对各个省区尺度面临的气候变化问题，所采取的适应技术或措施，如黑土地保护性耕作技术、华北集成节水灌溉技术、沿海地带台风监测预警技术等；地方层面适应技术主要是指针对各个城市尺度面临的气候变化问题，所采取的适应技术或措施，如城市防洪抗涝技术、城市管线改造技术等。

五、适应技术优选

在对适应气候变化技术措施进行识别、分类的基础上，需要进一步进行适应技术的优选。适应技术千差万别，通过分析气候变化及其影响与适应技术的相互关系，筛选更加具有针对性、可操作性和实用性的适应气候变化技术措施，为适应气候变化技术体系构建奠定基础。

（一）适应技术可行性分析

适应气候变化技术的可行性分析是对适应气候变化技术可行与否的综合判断，它有 3 个方面的含义：技术可行性、经济可行性与社会可行性。只有在技术、经济、社会 3 个层面具有可行性，适应气候变化技术才能够真正被推广应用。

1. 技术可行性

技术可行性是适应气候变化技术推广应用的基础。不同领域或区域面临的气候变化关键问题各不相同，因此适应气候变化技术也是千差万别，有些技术成熟而完善，有些技术仅在理论上是可行的；一项适应气候变化技术要在实践中推广应用，必须具有可操作性与实用性。以海岸带领域为例，气候变化导致热带气旋活动强度加大，台风对海岸带地区带来的危害也越来越大，因此台风灾害预测预报技术显得尤为重要，是海洋领域适应气候变化的关键技术，但现阶段该技术的准确率与精度还存在较大的偏差，其实用性不强，因此该技术还有待于进一步的研究与完善。

2. 经济可行性

经济可行性是适应气候变化技术推广应用的保障。任何技术要在实际生产中推广应用，都必须具备经济可行性，适应气候变化技术也不例外。以农业领域为例，气候变化导致北方农业干旱缺水问题不断加剧，采取节水灌溉技术是适应气候变化的有效措施；精确灌溉技术，集成了遥感（RS）、地理信息系统（GIS）、全球定位系统（GPS）、网络以及决策支持系统等先进技术，从宏观到微观对农作物、土壤、气候实时监测，采用高科技（渗灌、微喷、脉冲）灌溉设施向作物根部精准供水供肥；但该技术成本高昂，对于中国大部分农业生产地区而言，其产生的经济效益与成本远远不成正比，因此虽然该技术已经可以用于指导实际生产，但却不具备经济可行性，现阶段并不能在中国大规模推广应用。

3. 社会可行性

社会可行性是适应气候变化技术推广应用的重要推动力。适应是通过调整自然和人类系统以应对实际发生的或预估的气候变化或影响，其出发点和落脚点都是人类社会的可持续发展。适应气候变化技术的推广应用，不仅要在技术方面和经济方面具有可行性，还需要具备社会可行性。如果适应技术不被社会群体接受，那么该适应技术的推行将十分困难，很难达到预期的效果；如果适应技术被社会群体广泛认知和接受，往往会事半功倍。以草地畜牧业领域为例，气候变化导致北方草原区极端气候事件增多、暖干化趋势明显，通过实践发现，动态放牧技术体系是北方草原区适应气候变化的有效技术；该技术具有很好的技术可行性与经济可行性，但其推广应用却受到牧区农民接受程度的制约；在对气候变化认知较多的地区，牧民接受程度也较高，动态放牧技术往往能被很好地推行，从而形成良性循环；在对气候变化认知较少的地区，牧民接受程度也较低，适应技术也很难得到有效实施，往往造成更严重的环境、生态或社会问题。

（二）适应技术评估

虽然适应技术广泛存在于常规技术中，但并非所有的常规技术都可以自然纳入适应技术体系。优选适应技术需要掌握以下原则：所针对气候变化影响问题的重要性；

趋利避害的有效性；技术成熟度与可操作性；成本效益分析的可行性；有无负面生态效应或社会效应；适用范围和时效等。

在优选过程中可赋予上述原则以不同权重，综合评分后排序。其中针对产业和经济领域的，可把成本效益分析的权重适当增加；针对生态和社会领域的，可把有无负面生态效应或社会效应的权重适当增加。但无论什么领域或产业，针对性和有效性是前提，不具备这两条，其他原则都无从谈起。对于经济不发达地区，技术的成熟度和可操作性应比经济发达地区的权重适当加大。对于国家重点保护的生态脆弱地区，对于经济效益虽好但生态破坏后果严重的技术措施，可以采取一票否决制。

不同部门和人群对选择适应措施有不同的想法和认识：有些注重于政策，而有些注重于技术等，因此应通过专家咨询对适应技术进行打分，判断适应技术的优先排序，作为适应技术筛选的标准。采用层次分析法（AHP）问卷调查使得决策者和不同领域的专家们对适应对策选项进行评价，将形成的结果优先排序。

在广泛地考虑了各种可能的适应措施并进行筛选后，采用三种不同方法对具体适应措施进行优化：基于上层对政策的优化；基于下层对风险的优化；从基层组织与社会团体层面上对特定活动进行多因素分析（MCA）的优化。在此基础上，建立适应技术评估概念模型：

$$R_{ij} = \sum A_i \times B_j \quad i = 1, 2, 3, \cdots, n; j = 1, 2, 3, \cdots, n \qquad (1)$$

式中，A 代表部门领域，B 代表适应技术措施，i 代表不同部门领域的数量，j 代表适应技术措施的数量。

根据公式（1）计算出各项适应技术的总得分，按照得分高低对适应技术进行优化，相关计算及标准见表 3-6 至表 3-10。

表 3-6　适应技术评分和优先排序表

优先排序	AHP 评估结果	适应技术
1		
2		
3		
4		
…	…	…

表 3-7　对筛选出的适应技术进行不同部门多因素评估

多因素评估	标准秩序				
	农业部门 A_1	科技部门 A_2	水利部门 A_3	…	A_i
双赢选择					
适应性效果					
成本效率					

（续）

多因素评估	标准秩序				
	农业部门 A_1	科技部门 A_2	水利部门 A_3	…	A_i
适应弹性					
…	…	…	…	…	…
政策相关					

表 3-8　对筛选出的适应技术进行等级评估

多因素评估	选项等级				
	技术 B_1	技术 B_2	技术 B_3	…	B_j
双赢选择					
适应性效果					
成本效率					
适应弹性					
…	…	…	…	…	…
政策相关					

表 3-9　适应技术等级评估标准

多因素评估	选项等级
双赢选择	1=中长期；2=短期；3=目前；4=不确定
适应性效果	1=中长期适应；2=长期适应；3=短期适应；4=不适应
成本效率	1=非常简单；2=简单；3=困难；4=很困难
适应弹性	1=非常有弹性；2=有弹性；3=限制性弹性；4=不可逆转
…	…
政策相关	1=以上所有；2=短期需要；3=中长期需要；4=只是长期或短期需要

表 3-10　不同适应技术总得分

多因素评估	选项等级				
	技术 B_1	技术 B_2	技术 B_3	…	B_j
总得分（R_{ij}）					

六、适应技术体系集成方法

适应技术体系是一个技术系统，并非各项适应技术的简单堆积。仅有优先序还不够，还必须明确该体系的核心技术和配套技术，形成有序的结构。核心技术是针对某种气候变化影响的关键技术，配套技术指配合该关键技术的辅助性措施。如针对农业干旱缺水问题，河北省的核心技术是全面推广管灌，新疆是推广膜下滴灌。为此，在节水灌溉设施配套和维修、适用作物和品种、施肥和施药方法、土壤耕作、栽培管理等方面还需要一系列的技术调整与改进，才能构成完整的节水高产技术体系。当存在多种气候变化影响，或某种影响涉及多个方面时，适应技术体系还应包括若干子系统。如黄淮海平原农业适应气候变化技术体系既要针对气候变暖带来的热量资源的增加，又要针对降水减少导致的农业水资源紧缺。城市适应气候变化技术体系包含的内容更加复杂多样，由许多子系统和二级、三级甚至更多级别的适应技术子系统组成。

在适应技术体系中还要区分战略性适应技术与战术性适应技术。前者指针对气候变化的基本趋势和长远影响制定的相对稳定的适应对策，如编制中长期适应规划，加强基础设施建设，调整产业、城镇和作物布局，通过教育和培训进行适应能力建设，农作物的适应性育种等。后者指针对当前发生的气候变化实际影响进行的应变栽培、饲养、工艺操作、工程作业等的调整与改进。战略型适应技术通常主要体现在规划中，在特定的具体适应技术体系中通常以战术性适应技术为主，对战略性适应技术只是原则性提到。

适应技术体系集成包含了气候风险辨识、适应目标确定、适应路径选择、适应技术识别与优选等多个方面的内容，对于不同区域或不同领域，集成方法基本相同，因此本书选择了东北农业作为案例，分解与展示适应技术体系集成的过程与方法。

（一）关键气候变化问题

东北地区是中国重要的粮食生产基地之一，气候变化影响下东北农业生产波动将直接影响中国粮食安全。因此，从适应气候变化角度，分析气候变化对东北农业影响的关键问题，梳理适应气候变化的关键技术与配套技术，构建东北农业适应气候变化技术体系，为东北地区粮食生产提供有力的科技支撑与保障。

在东北地区，近百年来温度总体呈现显著上升趋势，年平均气温每 10 年上升 0.3℃。其中，1900—1920 年大约增温 0.7℃，自 20 世纪 70 年代中期以来，东北地区的气温升高了 1℃；年最高气温、年最低气温也呈现上升态势，分别为每 10 年升高 0.22℃、每 10 年升高 0.35℃。四季平均气温呈现相似趋势，其中冬季气温上升幅度最大，每 10 年上升 0.36℃，夏季气温上升幅度最小，每 10 年上升 0.19℃。从空间上来看，整个东北地区随纬度升高增温趋势增大，增温最显著的是北部大兴安岭与小兴安岭地区，长白山南部、辽河平原和辽东半岛升温幅度较小。

近 50 年来，东北地区年降水量总体呈略减少趋势，但降水变化空间变异较大。降水减少主要发生在夏秋两季，夏季减少尤为明显，而春季增加，冬季变化不明显；降水日数也在减少，但降水强度略有增强。从年降水量变化的区域分布来看，除黑龙江的漠河略有增加以外，吉林西部、辽宁东南部以及黑龙江东部等大部分地区都呈减少趋势。气温升高、降水减少，东北地区气候变化总体上朝着暖干化方向发展，尤其是吉林省中西部地区土地荒漠化和盐渍化趋势明显。

东北地区极端降水事件的频率与强度显著增加。根据1950—2010年气象与农业统计资料，对比前30年（1950—1979年）与后30年（1979—2010年）东北地区干旱灾害与洪涝灾害频率与强度，干旱与洪涝灾害均呈现显著的上升趋势；尤其是20世纪90年代以来，洪涝频发；从空间上来看，干旱发生频率和强度均呈现从北向南逐渐增加的趋势，洪涝灾害发生频率和强度均呈现从北向南逐渐减小的趋势，整体上东北地区从南向北呈现由干旱向旱涝并存的格局演变。

由于气候变暖，在过去50年中，东北地区霜冻季节最多缩短了40d左右，冷害发生的年数随年代呈现显著减少趋势，20世纪80年代以来东北地区作物延迟型冷害的发生强度和频率均有所下降。但由于极端气候事件频发，作物生长期间气温波动加大，障碍型低温冷害有加重趋势，近20年来东部地区东部每隔2、3年发生一次严重的障碍型低温冷害事件，受灾地区减产近40%。此外，受气候变化影响，东北地区复种指数增加，晚熟高产品种推广，作物生长对热量资源的需求更为突出，遭遇低温年份冷害问题将更为严峻。

（二）核心与配套适应技术措施

对于东北地区热量资源增加问题，调整种植结构是适应气候变化的关键措施。在此基础上，农田基本建设措施、作物应变栽培技术将是有效的配套技术措施。以水稻扩种和种植北界北移为例，为了有效利用增加了的热量资源，满足市场需求，东北一些地区由原来的种植玉米或其他作物改为种植水稻，因此相应的耕作栽培技术需要随之变化，包括播期、水肥、灌溉等多方面的措施调整，同时对于农田基本建设也要做出相应改变，将旱地改为水田，实施沟渠配套改建与节水改造，农田小水利工程改造等措施。以农业种植结构调整为主，农田基本建设与作物应变栽培技术为辅，将极大地提高热量资源利用效率，增强东北农业适应气候变化能力（李阔等，2018）。

针对气候变化影响下东北区域旱涝灾害加剧的趋势，农田基本建设（水利、基础设施等）技术是适应气候变化的关键措施，灾害监测预警与应急响应、抗逆（旱、涝）品种选育、应变耕作栽培、保险配置将是有效的配套技术措施。对于旱涝灾害，加强农田基本建设是提高当地农业适应气候变化能力的根本途径，只有农田水利工程逐步改进并完善，才能有效抗御气候变化条件下的旱涝灾害，减轻灾害带来的损失，尽快从灾害中恢复过来。旱涝灾害监测预警与应急响应是最重要的配套适应措施，通过防汛抗旱应急管理、应急抢险物资储备、专业化和社会化结合的救援队伍建设、抗旱应急水源工程建设等措施，提高抵御洪旱灾害的能力；从农作物角度来看，抗逆品种选育技术与应变耕作栽培措施是减轻灾害损失，提升作物自身恢复能力的配套适应措施；而保险配置措施则是今后应对不断加剧的东北旱涝灾害、提升农户适应能力的有效配套适应措施。

随着气候变暖，东北地区低温冷害的频率和强度都有所降低，但作物种植北界的北移也增大了冷害发生的风险，尤其是区域性和阶段性的障碍型冷害仍然时有发生。针对东北地区极端低温冷害整体降低（局部时有发生）的趋势，作物应变栽培技术措施将是适应气候变化的关键措施。在冷害可能发生的区域，采取应变栽培耕作措施可以有效缓解极端低温冷害所带来的威胁；而抗寒品种选育与保险配置措施将是进一步增强抗寒能力、提升灾害恢复能力的有效的配套适应措施。

对于气候变化影响下病虫害加重的趋势，作物病虫害防治技术将是适应气候变化的关键措施。通过物理、化学、生物等技术手段进行综合防治，从增强作物抗逆性、消除病虫害本体、改善农田环境等不同方面采取防治措施，提升作物对病虫害的抗御能力，遏制气候变化条件下作物病虫害的爆发。在作物病虫害防治措施基础上，采取抗病虫品种选育、应变耕作栽培、保险配置等相应的配套适应措施，将进一步提升作物抗御病虫害的能力、受灾后的恢复能力，从而形成应对东北地区病虫害的综合适应技术体系（表 3－11）。

表 3－11　东北农业适应气候变化技术体系

<table>
<tr><th>气候变化影响</th><th colspan="2">关键适应技术措施</th><th colspan="2">配套适应技术措施</th></tr>
<tr><td rowspan="3">热量资源增加</td><td rowspan="3">种植结构调整</td><td>水稻扩种：根据气候变化条件下热量资源与水资源的变化，适度扩大水稻种植范围</td><td>农田基本建设措施</td><td>兴建农田小水利，改建灌区和渠系配套，节水灌溉工程改造</td></tr>
<tr><td>种植北界北移：依托气候变化条件下热量资源的增加，适度向北推移玉米、水稻的种植北界</td><td rowspan="2">应变耕作栽培技术</td><td>播期调整，水肥管理模式调整</td></tr>
<tr><td>中晚熟品种替代早熟品种：在东北积温增加明显地区，用中晚熟水稻、玉米品种替代早熟品种</td><td>灌溉方式调整</td></tr>
<tr><td rowspan="4">旱涝灾害加剧</td><td rowspan="4">农田基本建设</td><td>水利工程措施：全力推进节水灌溉工程建设，兴建小型农田水利工程，加快涝区治理，新建、改建大中型灌区和大中型泵站</td><td>监测预警与应急响应</td><td>干旱、洪涝监测预警系统建设，防汛抗旱应急管理体系与应急预案，应急抢险物资储备，专业化和社会化结合的救援队伍建设</td></tr>
<tr><td>农田基础设施建设：完善渠系配套，进行节水改造，改善灌区骨干渠系的输水配水能力，建设末级渠系，增加高效节水农业灌溉面积，增强旱涝防御能力</td><td>应变耕作栽培</td><td>抗旱坐水种技术，适期播种措施，深耕蓄水保墒，灾后抢收、补种</td></tr>
<tr><td rowspan="2">生态工程措施：农田防护林建设，坡地改造，土地整理，水土保持</td><td>抗逆品种选育</td><td>抗旱品种选育，抗涝品种选育</td></tr>
<tr><td>保险措施</td><td>购置相应的农业保险、天气指数保险或巨灾保险</td></tr>
</table>

（续）

<table>
<tr><th>气候变化影响</th><th colspan="2">关键适应技术措施</th><th colspan="2">配套适应技术措施</th></tr>
<tr><td rowspan="3">极端低温冷害整体降低（局部时有发生）</td><td rowspan="3">应变耕作栽培</td><td>适时播种：针对东北地区极端低温冷害整体降低（局部时有发生）的趋势，玉米适时早播，抢墒播种，达到一次播种保全苗</td><td rowspan="2">抗逆品种选育</td><td rowspan="2">利用植物细胞工程技术、远缘杂交育种技术、转基因育种技术、分子标记技术等，进行抗寒玉米、水稻品种选育</td></tr>
<tr><td>应变栽培：抗寒锻炼，控旺促弱，科学施肥，地膜覆盖，深水灌溉，加强田间管理等</td></tr>
<tr><td>灾中抢救、灾后补种：利用作物的恢复性生长或前后茬作物的补偿机制减轻灾害损失</td><td>保险措施</td><td>购置相应的农业保险、天气指数保险或巨灾保险</td></tr>
<tr><td rowspan="3">病虫害加重</td><td rowspan="3">病虫害综合防治</td><td>化学防治：利用喷雾、喷粉、喷种、浸种、熏蒸、土壤处理等方法施用杀虫剂、杀菌剂等化学农药</td><td>抗逆品种选育</td><td>通过抗虫转基因培育技术、抗病毒育种技术、抗真菌育种技术、抗细菌育种技术选育抗病虫害品种</td></tr>
<tr><td>物理防治：利用害虫的趋光性，在田间布置黑光灯、频振式杀虫灯、紫外线灯等进行诱杀；对种子进行晾晒、温水浸泡或高温处理；采用风选、水选淘汰部分被病虫感染的种子；人工捕杀害虫等</td><td>应变耕作栽培</td><td>合理轮作、间作，深耕，及时除草，科学施肥，调整播期等</td></tr>
<tr><td>生物防治：利用微生物农药，包括微生物杀虫剂、微生物杀菌剂、微生物除草剂等，实现安全性高、残留量低、无公害、环保、可持续的病虫害防治</td><td>保险措施</td><td>购置相应的农业保险、天气指数保险或巨灾保险</td></tr>
</table>

（三）适应技术集成方法探讨

通过梳理东北地区气候变化历史事实，分析气候变化对东北地区农业的影响，提出了东北地区农业适应气候变化所面临的关键问题：热量资源增加、旱涝灾害加剧、极端低温冷害整体降低（局部时有发生）、病虫害加重。针对气候变化对东北农业的关键影响，结合东北地区农业生产现状，识别并优选出不同关键问题所对应的关键适应技术与配套适应技术，并进行有机集成初步形成东北农业适应气候变化技术体系。通过开展东北地区适应技术体系研究，发现其中存在的共性问题并进行探讨，对未来东北农业适应气候变化研究提出了展望。

首先，气候变化对农业影响的关键问题，在不同空间尺度上，可能呈现出巨大的差异性，在不同区域上，其影响程度的差异也会很显著。本研究针对东北地区气候变化对农业影响的整体区域性状况，提出了相应的关键适应技术与配套适应技术，忽略了东北地区区域内部地形、水资源、光温资源的差异性，以及气候变化对农业的影响程度差别。以干旱为例，对于东北整个地区而言，气候变化影响下干旱加剧多发生于北部黑龙江干流、嫩江流域以及西辽河地区，从宏观角度来看，农田基本建设是这些地区防御和减轻农业干旱损失的核心措施；而在气候变化影响下干旱加剧较轻或未加剧的其他区域内，则不一定以农田基本建设为核心措施，可将抗旱品种选育或应变耕作技术作为主要抗旱手段；针对不同空间尺度或不同影响程度，可供选取的农业适应技术以及其主次作用可能出现较大差别，由不同适应技术措施组合而成的适应技术体系也会不同。本研究初步构建了针对东北整个区域的农业适应技术体系，但并未进行更精细的分区域、分层次的农业适应技术体系的划分。

其次，农业适应技术措施往往相互交叉，需要结合在一起实施才能产生最佳效果，因此构建适应技术体系是非常有必要的。根据农业适应技术措施的具体内容，本研究将其分为六个类别，为关键适应技术与配套适应技术的选取提供了很好的抓手，但一定程度上给适应技术的组合集成与体系构成带来了挑战。以病虫害为例，为了应对气候变化影响下病虫害加剧的状况，最直接的措施是使用杀虫剂，这是防治病虫害的核心举措，同时需要辅以不同的耕作栽培措施保障杀虫剂的使用效果，如利用喷雾、喷粉、喷种、浸种、熏蒸、土壤处理等方法实现对不同作物的最佳施用效果，这些则是防治病虫害的配套措施。不同领域的适应技术措施差别非常大，但对于同一领域，适应技术措施则具有很大的相似性，但也存在一定差异，这是构建不同领域、不同区域适应技术体系的难点所在。以农业领域为例，东北地区与华北地区在适应技术类别以及基本构成方面保持一致，但两个地区农业所面临的气候变化影响不尽相同，因此关键适应技术与配套适应技术的选取将存在差别；同时，不同区域在面临相似的气候变化影响时，由于区域间的资源禀赋、社会经济状况、生态环境特征等方面的差异，在基本适应技术措施的优选与组合过程中也会出现差别，最终形成具有不同区域特色的适应技术体系。

适应气候变化技术体系的构建是一项庞杂而艰巨的任务，涉及不同领域、区域、类别、层次、尺度、时效、目的等方面，现阶段中国尚无完整统一的适应气候变化技术体系。本研究针对气候变化对东北造成的关键影响问题，化繁为简，将农业适应技术划分为六个类别，优选并组合不同的适应技术措施，初步构建东北农业适应技术体系。该研究尚处在适应技术体系研究的起步阶段，存在诸多不足。今后，构建更精细的分区域、分领域、分层次的适应技术体系是重要研究的方向，只有不断精细化的技术体系才能真正应用于生产实践，起到有效应对气候变化的作用；同时，如何根据区域特征构建具有不同特色的适应技术体系，避免千篇一律，是未来适应技术体系研究的难点，也是我们将要进一步开展的研究。

七、适应技术体系框架

适应技术体系是一个技术系统，是由适应核心技术和适应配套技术组成的有序系统（图 3－3）。核心技术是指针对某种气候变化影响的关键技术，配套技术则指配合该关键技术的辅助性措施。技术体系的构建是一项复杂的系统工程，需要针对气候变化的主要影响提出核心或关键适应技术，每项核心技术又有若干辅助性技术与之配套，形成一个技术子系统。各个子系统之间有机联系，相互支持。在不同区域、领域，气候变化导致的影响差异较大，因此适应技术体系必须按不同区域、领域的关键气候变化特征及影响分别进行构建。由于气候变化与科技进步都在持续进行，适应气候变化技术体系也需要定期不断更新。

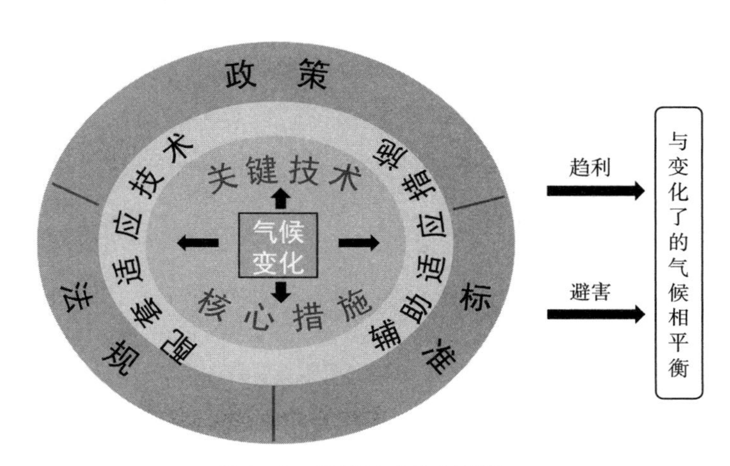

图 3－3 适应技术体系框架

构建适应技术体系应包括以下的步骤：

（1）梳理气候变化影响问题，收集、鉴别和研发适应技术。针对过去几十年已经发生的气候变化，各地区、各领域和各产业已经制定和采取了一些适应措施。但是这些技术在提出时大多未考虑气候变化因素或缺乏定量分析，因此需要鉴别，筛掉针对性不强的技术。对于气候变化带来的一些新问题，还需要研发新的适应技术。

（2）优选适应技术。针对不同区域、领域或产业分别赋予适当权重，综合评判确定所收集适应技术的优先序。

（3）明确核心技术，选择配套技术。

（4）构建区域、领域、产业技术体系。气候变化对整个区域、领域或产业的主要影响往往体现在多个方面。首先对气候变化影响问题进行梳理归类，针对影响问题的核心技术可能有多项，每项核心技术又有其配套技术，构成一个子系统；在此基础上，若干子系统的集成构成该区域、领域或产业的总体适应技术体系。

（5）适应技术的示范推广和跟踪评估。将优选的核心适应技术及其配套技术示范推广，并对其应用效果和存在问题进行跟踪评估。

（6）修订完善适应技术体系。根据示范推广中发现和应用部门反映的问题，结合当地气候变化的新情况，对适应技术体系进行适当的调整和修订，在广泛征求专家与公众意见后定稿和备案。

（一）农业总体适应体系框架

气候变化对中国农业的影响有利有弊，以弊为主（表 3－12）。温度升高延长生长期，但高温加快或终止作物的正常生育进程，导致籽粒灌浆不充分，造成作物减产；气候变化引起农业种植模式的改变，农业复种指数增加，晚熟品种种植增加，冬小麦种植北界明显北移西延，东北水稻种植面积扩大，主要饲料作物玉米种植带北移，玉米晚熟品种种植面积不断扩大；气候变暖加剧土壤有机质和氮流失，水土流失加重，土壤退化，土壤盐碱化、荒漠化加剧；使病虫害北扩，病、虫、草害加剧；导致降水分布严重不均，农业生产的不稳定性增加，局部干旱高温危害加重，春季霜冻的危害因气候变暖作物发育期提前抗寒性减弱而加大。气候暖干化使草地载畜量下降，草场负荷加重；使旱灾频繁，受灾面积扩大，持续时间长；使发生雪灾时缺少饲草储备。

表 3－12　农业适应气候变化技术概表

气候变化及影响	适应技术
温度升高延长生长期，但高温加快或终止作物的正常生育进程，导致籽粒灌浆不充分，造成作物减产	坡耕地除退耕外全部改造为梯田或实行水平耕作；平原农田平整土地实现田园化；实施沃土工程，遏制东北黑土带肥力下降趋势；气候变化引起农业种植模式的改变，农业复种指数增加，晚熟品种种植增加，冬小麦种植北界明显北移西延，东北水稻种植面积扩大，主要饲料作物玉米种植带北移，玉米晚熟品种种植面积不断扩大
气候变暖加剧土壤有机质和氮流失，水土流失加重，土壤退化，土壤盐碱化、荒漠化加剧；使病虫害北扩，病、虫、草害加剧；导致降水分布严重不均，农业生产的不稳定性增加，局部干旱高温危害加重，春季霜冻的危害因气候变暖作物发育期提前抗寒性减弱而加大。气候暖干化使草地载畜量下降，草场负荷加重；使旱灾频繁，受灾面积扩大，持续时间长；使发生雪灾时缺少饲草储备	控制水土流失，提高土壤肥力和抗旱涝等灾害能力；全面检修配套完善现有农田水利工程；干旱缺水山区普及集雨设施与补灌技术；全面普及农田节水灌溉设施与技术；根据气候变化情景修订粮库、温室、畜舍等设施的隔热保温和防风荷载设计标准；牧区普遍建立饲草储备和饮水点；实现所有乡镇通公路，所有村庄通电；提高区域农业抗旱排涝能力和水资源利用率。 收集保存各类抗逆丰产动植物品种资源，建设国际先进的基因库与种质库；确定气候变化情景下不同熟制合理界限；主要作物适宜种植区域调整；主要农区作物品种调整与备选；充分利用生物自身适应能力，规避不利条件。 全国农田远程自动监测系统；主要极端事件与重大生物灾害预警系统；构建主要农区不同气候变化情景下的适应技术系统并编制农业适应技术清单。 推广区域性适应技术与低碳循环农业技术；建立东北适应气候变暖商品粮规模生产综合示范区，华北平原适应气候暖干化节水农业综合示范区，长江中下游适应暖湿气候粮棉油高产综合示范区，华南沿海热带亚热带作物适应气候变化综合示范区，西南应对季节性干旱与山地灾害综合示范区，西北适应气候变化特色农业综合示范区，北方草地与农牧交错带适应气候暖干化生态农牧业综合示范区，黄土高原气候变化脆弱区生态恢复与农民生计综合示范区；北方半干旱草原普遍实行围栏划区和草畜平衡的轮牧制度；封禁和改良退化草地；推广季节放牧与冬春舍饲相结合和牧区与农区合作易地育肥模式

（二）作物种植区域适应技术体系框架

中国幅员辽阔，气候特征变化多样，因此根据区域气候变化影响特征将适应气候变化技术分类更具有现实意义。针对气候变化及其影响特征，将中国农业主要种植区域划分为东北地区、华北地区、华东地区、华中地区、华南地区、西北地区、西南地区，不同区域农业适应气候变化重点差异显著，其所对应的适应技术措施也差异明显。

1. 东北地区

气温升高、降水减少，东北地区气候变化总体上向暖干化方向发展。东北地区增暖幅度随纬度的升高而增大，大兴安岭北部和小兴安岭地区是增温最明显的地区，增暖幅度较小的地区为辽河平原、辽东半岛和长白山南部地区（贺伟等，2013）。降水日数呈现减少趋势，但降水强度略有增强。降水空间变异较大，辽宁南部、吉林西部和黑龙江中部降水减少，辽宁中部、吉林南部和黑龙江西部降水增加。东北地区适应气候变化技术见表 3－13。

表 3－13　东北地区适应气候变化技术概表

气候变化及影响	适应技术
近 50 年年平均气温上升趋势显著，每 10 年上升 0.3℃。	调整作物品种布局与播期；水稻和冬小麦种植区适度北扩；辽南辽西发展日光温室等
年降水量呈略减少趋势，每 10 年减少 15mm	推广黑土地保护性耕作技术；实施跨流域东水西调工程；加强中小河流水库的兴建和维修；推广管灌、滴灌等节水灌溉方式与节水栽培技术；控制地下水过度开采，提高作物水分利用效率等
呈现出东涝西旱、病虫害加剧和冷害频发等新特点	因地制宜推广适应减灾技术；引种和选育适应热量增加和耐旱的高产优质品种等
降水减少，蒸发增加导致东北西部特别是吉林省中西部地区干旱趋势加重，土地荒漠化和盐渍化发展	实施丘陵漫岗水土保持、西部防风治沙与天然林保护工程；控制湿地周边地下水无序开采；保护湿地资源和生物多样性；实施沃土工程，遏制黑土地退化等

2. 华北地区

近 50 年年平均气温呈明显的上升趋势，冬季气温升高最明显；内蒙古中部和东部、河北南部的部分地区升温较快，年均温等值线有较明显的北移现象。降水时空分布不均，年际变化大，并逐年减少，气候暖干化明显（部分地区土地沙漠化趋势加重）；250mm 降水分界线有较大波动，主要集中在内蒙古东北部锡林郭勒至呼伦贝尔地区，近 10 年降水明显减少、等值线东移最为明显（马京津等，2011）。暖干化加剧了水资源紧张态势，引起浅层地下水位不断下降。同时气候变暖导致热量增加影响了该地区的农业产量及布局。华北地区适应气候变化技术见表 3－14。

表 3-14　华北地区适应气候变化技术概表

气候变化及影响	适应技术
近50年年平均气温明显上升，达到每10年上升0.31℃	冬麦北移；根据气候变化修订粮库、温室、畜舍等设施的隔热保温和防风荷载设计标准等
降水年际变化加大，并逐年减少，气候暖干化明显	调整建立适应干旱缺水的种植结构与作物布局；研发推广抗旱优质高产品种；集成节水灌溉与农艺节水技术；推广集雨补灌、人工增雨、微咸水与中水等非常规水资源利用；大力发展节水高效设施农业；控制地下水超量开采，实施雨季回补措施；合理配置、高效使用南水北调资源
暖干化趋势引发缺水，导致生态环境恶化，多数中下游河道枯竭断流，土地退化、湿地萎缩、沙漠化问题突出	严重退化草地禁牧封育，沙化严重农田退耕还林还草，遵循生态规律促进植被恢复；一般退化草地坚持草畜平衡，季节性放牧与冬春舍饲结合，改良草场，加强畜牧基础设施建设；农牧交错带调整种植结构，推广先进旱作节水技术、耐旱高产品种与保护性耕作，遏制土地退化沙化

3. 西北地区

近50年升温趋势显著。气候变化对西北地区的水资源造成严重影响，约82%的冰川处于退缩状态，地下水资源总体呈减少趋势；降水量时空分布不均，其中新疆大部、祁连山区和河西走廊中西段等地区降水量明显增加，青海东部、甘肃河东、宁夏、陕西的降水量明显减少，部分地区年降水日数减少，暴雨次数增加。同时气候变暖影响了西北地区农牧业的发展，近50年的气候变暖虽然使绿洲灌溉区农作物的气候产量提高了10%～20%，但使雨养农业区作物气候产量减少了10%～20%。西北地区适应气候变化技术见表3-15。

表 3-15　西北地区适应气候变化技术概表

气候变化及影响	适应技术
近50年区域年平均气温每10年增加0.32℃，高于同期全国平均增温幅度	调整种植结构，适当扩大优质瓜果、棉花和其他区域特色优质产品的生产规模
年降水总量变化趋势不明显，呈弱上升趋势，但空间差异较大	陡坡退耕还林还草；推广集雨补灌措施；开展坡改梯和沟坝地农田基本建设；实施小流域综合治理
极暖和极冷日数都在显著增加；地下水资源总体呈减少趋势，一些地区土地沙漠化问题突出；约82%的冰川处于退缩状态	推广膜下滴灌等节水灌溉技术、地膜、秸秆覆盖技术、化学抗旱技术和耐旱品种；新建一批骨干水库与水利枢纽工程；实施地表水-地下水联合调度措施；适度利用地下水补灌；建立信息采集平台和冰雪融水监测预警系统；实时监测固体水资源动态，预防洪旱灾害

4. 华东地区

升温趋势明显，特别是1980年以来有加快趋势。高温热浪在长江三角洲地区、浙江沿海和福建沿海出现明显增多的趋势。另外，在温度升高的同时露点温度降低，出现了暖干化的趋势。降水方面区域总体上变化不大，空间上表现为上海市和浙江省多年平均降水量呈现弱增加趋势，其他各省均为弱下降趋势，但暴雨强度与频率均显著增加。热带气旋显著增强，且表现出在广东、福建交界海域活动增强的趋势。夏季连年出现过量降水，使汛期长江下游干流潮位持续偏高，加剧了洪涝灾害风险；未来百年一遇的洪水发生的可能性增大，会对华东地区农业生产及沿海生态系统产生不利影响。华东地区适应气候变化技术见表 3 - 16。

表 3 - 16　华东地区适应气候变化技术概表

气候变化及影响	适应技术
1961—2012 年，平均气温升高比较明显；从 20 世纪 80 年代开始年平均气温上升趋势更加显著，并且有加快趋势	根据气候变化与人类活动的双重影响不断调整水稻种植制度
降水方面无显著变化，区域总体上呈现弱增长趋势；高温热浪发生频率出现明显增多的趋势，暴雨降水总量和总日数为增加趋势；热带气旋有显著增强的趋势，洪涝风险加大	提高台风、洪涝、热浪及重大海洋灾害的监测及预警水平；建立和完善对过境台风的省市联动的应急体系；保护沿海滩涂湿地；恢复原有红树林，利用变暖的条件适度北扩；建立珊瑚礁、红树林等海洋自然保护区；建立海洋环境事件应急系统

5. 华中地区

华中地区年平均气温年代际变化显著，存在明显的地区差异和季节差异。20 世纪 80 年代中期以来气温上升趋势明显，1997 年以来年平均气温持续偏高；年降水量无明显变化趋势，但降水更趋于集中，在时间上的不均匀性增强，造成旱涝灾害发生频率增加。20 世纪 90 年代以来，夏秋高温干旱与暴雨洪涝交替发生，造成严重灾害和损失。从地域分布看，河南西北、湖北西南和湖南西北大部年降水量呈显著减少趋势，湖南、湖北、河南三省东部增加趋势显著。华中地区适应气候变化技术见表 3 - 17。

表 3 - 17　华中地区适应气候变化技术概表

气候变化及影响	适应技术
1961—2012 年，年平均气温呈显著升高趋势，每 10 年升温 0.15℃	精细化农业气候区划，调整种植制度与作物、品种布局
年降水量无明显变化趋势，但不同季节、区域各地有明显差异；年降水日数呈显著减少趋势，而暴雨强度则显著增加，旱涝灾害频率增加；夏秋高温干旱与暴雨洪涝交替发生；病虫害加剧	选育抗逆适应品种，加强抗旱防涝减灾技术开发应用及再生稻等灾后补救技术；血吸虫病潜在风险区的监测网络建设，改进气候变暖条件下血吸虫病的防控技术；上游水土保持和现有湖泊的综合治理；湿地的保护与恢复，滞蓄洪区的保护与合理利用；发挥华中湿地的生态功能，减轻旱涝灾害，保护生物多样性；充分发挥水利枢纽工程的调度作用，加强上游防洪、堤防加高加固、改善排水系统

6. 西南地区

从 20 世纪 80 年代末开始，西南地区增温有加快趋势。汛期降水量整体呈下降趋势，年代际变化显著。气候变化导致旱涝灾害加剧，由此引发的山地灾害占全国同类灾害的40%以上。20世纪50年代以来，山地灾害的波动周期缩短，成灾频次和损失增加。在未来气候变化背景下，山地灾害活动强度、规模和范围将加大，发生频率增加，损失更为严重；同时水土流失将随极端天气事件的增多而加重。西南地区适应气候变化技术见表3-18。

表3-18 西南地区适应气候变化技术概表

气候变化及影响	适应技术
1961—2012年，西南区域年平均气温每10年增加0.12℃，并且有加快趋势	总结已有成功经验与适用新技术成果，构建不同类型地区的特色立体农业适应气候变化技术体系，包括河谷平原、低山丘陵、高原等不同地形与热带、亚热带、温带等不同气候带
年降水量每10年下降13mm，2009—2013年发生百年一遇极端干旱事件	在干旱缺水山区兴建一批蓄水塘库；普及集雨水柜与先进旱作节水技术
气候变化引起干旱、洪涝灾害频次增加，程度加重，山地灾害呈现出点多、面广、规模大、成灾快、暴发频率高、持续时间长等特点，波动周期缩短，成灾频次和损失增加。加剧了西南地区生物多样性减少、生态系统退化、岩溶地区石漠化	编制山地灾害风险区划，分类指导；灾害监测信息共享、预警与多部门协调联动，在灾害频发区建设示范避险场所；在石漠化典型区建立工程措施与生物措施结合的综合治理示范区；新建一批并完善现有自然保护区的管理，保护生物多样性

7. 华南地区

20世纪80年代后期平均气温开始波动上升，90年代后期以来升温更加显著。年平均降水量呈弱减小趋势，前汛期、后汛期降水均没有显著的变化。南海海平面加速上升，1993—2006年，南海海平面平均每年上升3.9mm，同时台风和风暴潮灾害频发，对农业的不利影响显著增大。进入21世纪，华南海平面呈持续上升趋势，预计到2100年的上升范围是60～74cm，这将可能给珠江三角洲等低洼地区农业及养殖业带来严重影响。随着气温的升高，近海生态系统退化严重，如有的地方次生的乔灌林代替红树林。华南地区适应气候变化技术见表3-19。

表3-19 华南地区适应气候变化技术概表

气候变化及影响	适应技术
1961—2012年华南平均气温每10年上升0.16℃，冬季平均气温的上升趋势最为显著	充分利用华南热量资源丰富优势，调整种植结构与作物布局；适度北扩发展热带亚热带经济作物、水果与冬季蔬菜生产
年平均降水量呈弱减小趋势；登陆华南热带气旋个数减少，强度增大，移动路径复杂，台风和风暴潮灾害频发；南海海平面加速上升；红树林和珊瑚礁生态系统严重退化，珊瑚的白化范围可能有所扩大	利用山区有利地形，加强干旱、高温、寒害等灾害的防御和减灾；完善南海台风及其次生灾害的监测预警体系，增设南海岛礁监测站点；完善防台工程体系，修订沿海及海洋工程设计标准；加高加固海堤，提高沿海设施的防护标准；加强红树林与珊瑚礁自然保护区的管理和养护，控制陆源污染物的排放；建立咸潮监测与预警体系，加强上游水利枢纽工程建设和联合调度，实施珠江三角洲重要堤围加固达标工程

（三）适应措施综合评估

适应措施综合评估包括经济效益、生态效益、社会效益等多个层面，其中经济效益往往采用成本-效益分析方法，而生态效益与社会效益则需要价值分析与定性评估相结合。

适应措施的成本-效益分析方法相对比较成熟。成本效益分析是通过比较项目的全部成本和效益来评估项目价值的一种方法。成本效益分析方法作为一种经济决策方法，可以帮助决策者选择出最好、最有效的项目（殷永元等，2004）。

成本效益分析的一般步骤为：

（1）目标及选择方案确定。根据项目的目标，确定若干备选方案，评估适应气候变化技术和措施的经济及社会效益，例如更换作物品种的效果、改善灌溉条件带来的收益等。

（2）确定项目的影响。包括一个项目的净影响以及项目实施后是否会与本地区已有的项目发生利益冲突。

（3）分析经济相关的影响。分析对项目成本和效益具有影响的各种经济与社会因素。

（4）衡量相关影响的价值。市场会产生商品或服务的相对价值，而价格可以表示价值信息。在成本效益分析中将货币作为通用指示单位，统一量化成本、效益的每个影响要素。

成本收益分析需要大量而详尽的数据支撑。数据来源一般包括项目监测和调查数据。通常在项目实施前编制相关成本效益表，并在项目实施过程中填写项目监测数据。由于监测数据的不完整性、项目方案及其影响的复杂性，通过调查获得评估数据更常用。

除了经济效益，还要考虑适应的社会效益、生态效益。在有些情况下，适应的社会效益是第一位的，如在发生干旱、出现人畜饮水紧张的情况下，无论多大的成本代价，都要保障人畜饮水安全，从而保障生命安全。在有些情况下，适应的生态效益是第一位的，即使牺牲一定的经济效益，也要保障生态安全，如北方的退耕还牧、“三北”防护林工程、“天然林”保护工程等。在考虑生态效益后，生态改善，适应的“弹性”增加，随之又带来可观的社会效益，某种程度上又可带来一定的经济效益。因此，生态效益、社会效益、经济效益有时是互相转化的，这与适应时间尺度有关。短期内牺牲一定的经济效益，可以为长期获得经济效益提供保障；短期内获得了一定的经济效益，长期来看则可能带来严重的负面生态影响，从而影响社会的可持续发展。有些适应措施则是生态、社会和经济效益的综合。适应的综合效益评价见表3-20。

表 3-20　适应的综合效益评估

项目	效益评估
适应措施	具体适应措施的内容：减少脆弱性与暴露程度、渐进式适应、转型式适应、整体转型、风险转移与分担
确定利益相关者	气候变化适应措施的潜在受益者、谁的利益会受到影响？
应用前提	体制机制保障、技术保障、资金保障、法律法规保障、条件能力保障；经济可行性、技术可行性、社会可行性
适应成本	人力资源、资金、技术等
效益	经济效益为主、社会效益为主、生态效益为主、综合效益（与减灾、扶贫、减缓的协同性）
适用性	适应的方面（气候的平均状态、极端天气/气候事件、生态后果、社会后果）、应用的部门/区域、应用的风险
时效性	应急技术（如防灾、减灾、灾后补救）、短期适用技术、中期适用技术、长时效的储备技术

第四章 适应气候变化关键技术研发与示范

本章系统阐述中国农业领域适应气候变化关键技术的研发与示范。针对干旱、低温、病虫害等主要气候灾害的变化特征，重点探讨干旱监测技术、智能化精量灌溉技术、低温灾害诊断管理技术、小麦抗寒育种技术、病虫害预测与防控技术、油棕北扩种植技术、作物模型模拟评估技术和气候变化决策支持系统等在中国的研发及应用示范效果。

一、背景

中国地处东亚季风区，是世界上受气候变化不利影响最为严重的国家之一，而农业又是受气候变化影响最大的脆弱产业。中国正在经历以变暖为主要特征的气候变化，针对气候平均状态的整体变暖趋势，如果加以合理的开发利用，可以为农业的发展创造机遇，例如东北水稻大面积的扩种、热带经济作物种植的北扩等；但与气候变暖的整体趋势相对应，气候变率增大，极端天气气候事件和灾害（干旱、洪涝、高温、低温灾害等）发生更为频繁、危害日趋严重，作物病虫害严重加剧，农业适应气候变化的能力急需大力提升，以减轻气候变化对中国农业生产的危害。加强农业关键适应技术的研发和应用推广，是提高农业生产对气候变化适应能力的有效途径，既是实现国家适应气候变化目标的需要，也是提高农业防灾减灾能力、实现区域农业可持续发展以及保障国家粮食安全的需要。

农业部“引进国际先进农业科学技术计划”（“948”计划）资助的重点项目“中国农业适应气候变化关键技术引进”（2011－G9），选择农业干旱监测技术、基于植物需水信号的智能化精量灌溉技术、基于作物低温胁迫模型的灾害诊断与管理技术、APSIM 模型引进与影响评估技术、适应气候变化的小麦抗寒育种技术、气候变化背景下害虫发生长期趋势预测技术、油棕种质的适应性评价与筛选技术、气候变化决策支持系统等，开展农业适应气候变化的关键技术研发和应用示范研究。本章在项目研究基础上对这些关键适应技术的研发与示范效果进行系统的总结。

二、农业干旱监测技术

中国干旱问题严重，然而目前所做的工作，还远不能很好地解决干旱灾害影响复杂、影响范围大、造成的损失严重的问题。中国幅员辽阔，气候多样，目前各地对于干旱的监测、干旱影响的评估和抗旱技术应用等方面还没有形成一套成熟的、受到普遍认可的干旱管理方法体系。总体来看，目前我们的抗旱工作还是采用应急管理的方法，对于旱情的发展初期特征的认识和研究不充分，能够实际应用于指导防旱抗旱的干旱指标体系急需加强和完善。

（一）关键技术引进

美国国家干旱减灾中心（NDMC）的干旱风险管理技术重点强调干旱管理工作应由危机管理转为风险管理的必要性，包括干旱的监测、干旱的风险和影响评估方法等，特别是 NDMC、美国国家海洋和大气管理局（NOAA）和美国农业部（USDA）联合研制的干旱监测产品（包括美国干旱产品的指标算法和等级的确定等）。除在美国各州开展了大量的应用外，还在澳大利亚、南非、西班牙等干旱较重的国家进行了推广应用，取得很好的效果和经验。在 21 世纪初，在联邦政府的协调下，为了加强和集中干旱监测活动，开发出了一个新的干旱监测工具，即由 NDMC、NOAA 和 USDA 联合研发的一周干旱监测产品（DM），取得非常好的效果。

NDMC 干旱监测产品的开发工作在国际上是处于前沿地位的，其拥有的一套系列干旱监测产品的制作流程，给开展相关工作的同行们提供了很好的示范。因此，在引进 NDMC 先进技术和方法的基础上，同时考虑干旱对农业的直接影响，以地处中原的粮食主产区河南省为案例区，研发河南省干旱监测产品的制作系统，该系统的开发总体上借鉴 NDMC 的思路，系统的详细结构和功能如下面的介绍。

系统的主要内容包括：①显示不同干旱监测指数的监测结果，主要包括气象干旱指数（K 干旱指数、综合气象干旱指数 CI、标准化降水指数 SPI、帕默尔干旱指数 $PDSI$、土壤相对湿度 RSM、降水距平百分率 Pa、Z 指数），遥感干旱指数（归一化植被指数 $NDVI$、植被条件指数 VCI、温度条件指数 TCI、植被健康指数 VHI、温度植被旱情指数 $TVDI$）。同时利用加权平均方法，对系统中使用到的干旱指数，进行了综合干旱指数的计算。②可查询干旱影响、干旱面积和历史干旱信息。③可利用 ARMA 模型方法，对所选干旱指数进行预测并制图。

从上述系统包含的主要内容来看，设计系统的思路基本上是考虑了建立一套类似 NDMC 的干旱监测的显示系统，能服务于所选择的相关的案例区。首先引进了 SPI、$PDSI$ 指数的计算。但对于综合干旱指数，仅是通过给等权权重的方法，给出了综合统计结果，没有考虑到诸如各地实际旱情的情况对其进行适当的修正，这主要由于不能够获得及时的实际旱情的反馈信息。在这部分内容中，首先考虑获取资料的实际情况，增加了一些干旱监测指数的监测结果，其中 *K* 干旱指数是基于我们的研究结果，在案例区有较好的适用性（王劲松等，2013）；其次主要是给出了干旱影响的一些事实的描述，类似于 NDMC 的干旱影响报告，但我们收集到的信息，主要来源于文献、网络、年鉴、气候影响评价等资料，与 NDMC 相比，在政府机构、志愿观察者、与公众的互动方面缺少相关的信息，但本研究不失为一种有益的尝试，等同于通过预测指数的趋势来对干旱进行预测。

（二）关键技术本地化

利用干旱指数进行干旱监测，是目前干旱监测中最为常用的方法。中国常用的干旱指数有多个，在干旱监测中发挥了很好的作用。虽然到目前为止仍然没有找到令人满意的通用干旱监测指数，但有不少是在某些方面或某些地区应用效果比较好的干旱监测指数，干旱监测预警技术已经相对比较成熟，基本上可以客观定量监测干旱的强度和范围（张强等，2014）。

近 100 年来，全球气候呈现以变暖为主要特征的显著变化趋势。在全球气候变暖的背景下，极端天气气候事件加剧，给社会、经济和人民生活带来了严重影响和损失（翟盘茂等，2012）。众所周知，干旱形成的直接原因是降水的减少，但温度的变化通过影响蒸散的变化，从而影响到干旱的发生，温度在干旱的形成中扮演着重要的角色。温度的升高引起降水的变化，并导致极端气候事件（比如干旱）的发生频率增加（Sheffield et al.，2008）。

气候变暖显著地改变区域降水和气温的分布，对区域气候造成影响。但由于各地对气候变暖的响应不尽相同，具有区域效应，表现在气候变暖后，有的区域降水增加，有的区域降水减少，有的区域气温显著地增加，而有的区域气温增加却并不明显。因此，在干旱监测中，需考虑气候变暖造成的区域响应的差异对干旱监测结果带来的影响。为此，在河南省干旱监测产品的制作系统的研发过程中，考虑气候变化的影响，在利用干旱指数进行干旱监测方面，开展了以下方面的改进工作：①改进了 *K* 干旱指数，根据前期基于气候背景的研究成果（刘晓云等，2012），将河南省分为东、西两个区域，通过计算不同区域代表站的指标累积频率，采用百分位法，重新确定不同区域的 *K* 干旱指数的指标阈值；②加入与温度有关的干旱遥感监测指数 *TCI*（温度条件指数）、*VHI*（植被健康指数）和 *TVDI*（温度植被旱情指数），充分体现气候变暖的影响；③对 *PDSI* 的改进，由于桑斯维特（Thornthwaite）蒸发计算公式考虑的因素只有温度，且假设当温度低于 0℃时没有蒸散，因此在中国应用偏差较大，针对这一问题，潜在蒸散量的计算采用改进的彭曼公式。

所研发的河南省干旱监测产品的制作系统，主要提供基于常规站点观测资料计算的干旱指数及遥感干旱指数等干旱监测产品的查询、空间分析、制图、数据管理等功能。它是基于 Windows 操作系统、GIS 技术、数据库技术，以及地图可视化技术的专业应用软件。系统的开发环境为 ArcGIS Engine9.3、Visual Studio 2005 C＃、SQL Server 2005。采用数据库管理和文件管理相结合的数据管理方式。为满足动态的用户需求，使用框架式的设计和开发方法，可按需随时添加新的系统功能。系统具有较强的灵活性、开放性、可扩展性、可移植性。

考虑到平台应用的可重用性、可扩展性和可共享性，平台采用客户端、服务层和数据层的三层 C/S 结构体系，使得用户服务与数据分离。系统的总体结构及数据应用流程分别如图 4－1、图 4－2 所示。

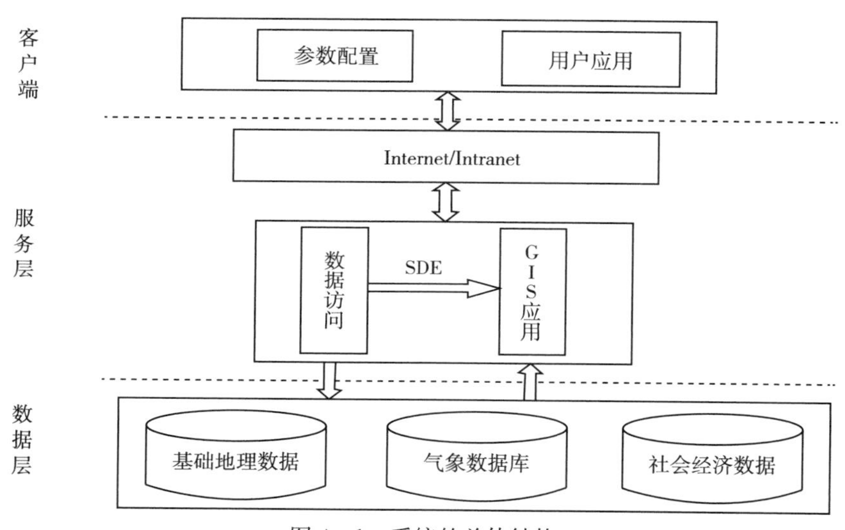

图 4－1　系统的总体结构

1. 数据层

包括基础地理数据（站点、行政边界）、气象数据库、社会经济数据。其中基础地理数据为辅助数据，用于实现气象数据的空间查询、制图等；气象数据库存储气象干旱指数：*K* 干旱指数、综合气象干旱指数 *CI*、标准化降水指数 *SPI*、帕默尔干旱指数 *PDSI*、土壤相对湿度 *RSM*、降水距平百分率 *Pa*、*Z* 指数。所有数据均采用 SQL Server 大型数据库进行统一的存储和管理，其中空间数据库的存储采用了美国环境系统研究所（ESRI）的空间数据引擎（ArcSDE），而社会经济数据则直接与基础地理信息进行了空间一体化关联存储。

2. 服务层

服务层主要应用 ADO 数据访问组件和 GIS 组件提供地图数据的视图操作、数据查询操作、地图定位、专题制图、统计图表制输出、气象要素空间插值、空间分析。

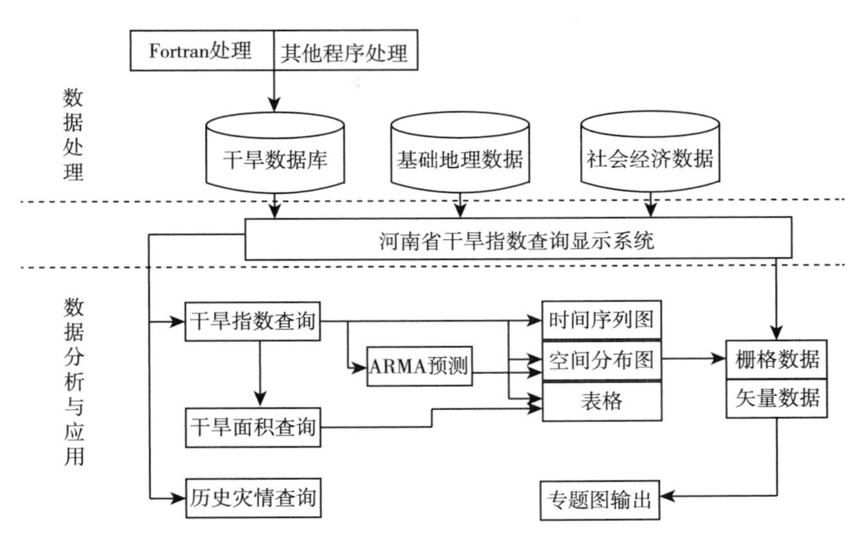

图 4-2　系统数据流程图

该层是系统的核心部分。

3. 客户端

用户可在客户端进行数据库链接等设置及应用服务层的各种功能实现各种系统功能。

系统主要实现基于常规观测数据的气象干旱指数和基于卫星观测数据的遥感干旱指数（VCI）的管理、查询、显示等，旨在为用户提供历史及实时干旱信息。气象干旱指数采用数据库管理方式，遥感干旱指数，包括 *NDVI*（归一化植被指数）、*VCI*（植被状态指数）、*TCI*（温度条件指数）、*VHI*（植被健康指数）、*TVDI*（温度植被旱情指数），采用文件管理方式。

功能主要包括数据管理、GIS 功能、查询功能、ARMA 模型的干旱指数预测等。

（1）数据管理。

①干旱指数追加入库：将新获取的格式化的干旱指数数据进行入库追加操作。

②遥感干旱指数计算：主要完成历史 MODIS-NDVI 产品的提取、裁剪及最新产品数据的相关处理，以及 *VCI*、*TCI*、*VHI* 和 *TVDI* 指数计算。

（2）GIS 功能。

①基本 GIS 功能：主要提供基本的地图及制图功能，包括地图或图版的放大、缩小、平移、全图、前一视图、后一视图、属性查询等。

②地图标注：在地图上对站点名称、行政区域名称等进行标注。

③空间分析：主要包括空间插值、空间计算、栅格裁剪等，其中空间插值是对离散的站点气象干旱指数进行空间插值，形成空间连续的栅格数据。空间计算和栅格裁剪主要用于综合干旱指数查询及遥感干旱指数的处理。

④地图渲染：对由站点插值生成的栅格数据或者遥感指数数据进行分级渲染操作，完成数据的可视化显示。

⑤地图制图：通过地图模板完成气象干旱指数空间分布图或者遥感干旱指数的地图制作及输出。

（3）查询功能。

①干旱指数查询：查询某一时次或统计某一时段干旱指数并可制空间分布图；查询某站气象干旱指数随时间的变化情况并绘制时间序列图。

②干旱指数对比：对比同一时间或时段不同干旱指数的空间分布情况或者某站点不同气象干旱指数随时间的变化情况。

③干旱面积查询：对某干旱指数的空间分布图按市、县行政区域统计不同干旱等级的面积，可用于干旱的影响评估。

④综合干旱指数查询：对不同气象干旱指数进行加权平均计算。

⑤历史干旱信息查询：以 Word、Excel 等形式显示收集来的历史干旱信息。

（4）ARMA 模型干旱指数预测。利用 ARMA 模型方法对所选干旱指数进行预测并制图。该系统利用了 Visual C# 语言、SQLServer2005 数据库和 ArcGIS Engine 平台，具有对河南省指定月时段的干旱指数（可计算的指数包括 *K*、*CI*、*Pa*、*PDSI*、*SPI*、*Z*，以及土壤湿度）进行计算、查询、绘图和预测功能；对于监测和预测结果，系统可以生成时间序列图、空间分布图、表格等多种形式的结果，此外，系统还提供了多种干旱指数对比、综合干旱指数计算的功能。在河南省遥感干旱指数的适应性分析的基础上，将诸如 *NDVI*（归一化植被指数）、*VCI*（植被条件指数）、*TCI*（温度条件指数）等多种遥感干旱信息加到河南省干旱监测预测系统中，完善系统干旱监测产品种类，丰富干旱监测预测信息。

在已有干旱灾害数据库结构的基础上，通过查阅灾害大典等方式完善河南省干旱灾害库的数据录入工作。

（三）关键技术应用示范

河南省地处中国中东部的中纬度内陆地区，具有自南向北由北亚热带气候向暖温带气候过渡、自东向西由平原气候向丘陵山地气候过渡的两个过渡性气候特征。全省年平均气温为 12～15℃，由南向北递减。全省多年平均降水量为 800mm，由南向北递减，南部最大达 1 000～1 400mm，中部 700～1 000mm，北部仅 600～700mm。受季风影响，降水年际变化大，季节分配不均，一年中干旱时间长，降水区域分布差异大，干旱发生频率高，历史上就有“十年九旱”之说。水、旱灾害是农业自然灾害的主要灾害。1950—1990 年中，发生大的旱灾的年份有 1959 年、1960 年、1961 年、1978 年、1981 年、1985 年、1986 年、1987 年、1988 年等。河南省是中国华北地区典型的农业大省，其粮食生产对确保全省乃至全国的粮食安全具有重要意义。但受地理位置、大气环流及人文因素等的影响，频发的旱灾已成为制约当地农作物生产及农业发展的主要因素之一。因此，深入研究河南省干旱时空分布特征及演变规律，对全面了解干旱的发生发展趋势、做好地方抗旱避险工作、及时调整当地农业生产结构和实现农业的可持续发展等均具有重要意义（郝秀平等，2013；程炳岩，1995；蒋金才等，1996）。

鉴于此，基于1960—2010年河南省17个气象站的月降水和气温等资料，计算了7种常用的气象干旱指数，其中，*PDSI*根据卫捷等（2003）在分析华北干旱时用到的方法进行计算；同时选取两个典型干旱过程，检验各种干旱指数对干旱过程的识别能力及旱情变化情况的反映程度，旨在为干旱监测、预警和抗旱减灾提供科学依据。

1. 1998年秋季干旱

1998年秋季，全省降水异常少，出现了大范围持续性干旱，全省大部分地区的降水量为1951年以来同期最小值。此次干旱持续时间长、范围广、危害重。类似的秋旱年还有1956年、1966年、1988年、1991年。秋季除10月中旬全省大部分地区出现2～20mm降水外，其余时段全省基本无雨（陈辉等，1999）。

为了检验各种干旱指数对此次旱情的监测结果，计算了1998年9、10、11月的6种干旱指数（*CI*、*K*、*Pa*、*PDSI*、*Z*、*SPI*），整体上各指数都能反映出此次秋旱过程（除了*SPI*外），但在范围和强度上略有差异。*Z*指数反映的干旱强度最强，结果显示秋季全省大部分区域都存在重到特级的旱情，其次为*K*指数，其监测出的旱情主要在河南省中南部，强度比*Z*指数略弱；降水距平百分率指数的监测结果与*K*指数极其相似，只是强度略弱一些，由于降水距平百分率指数与*K*指数之间的差异主要表现为*K*指数考虑了蒸散对干旱的贡献，因此可认为此次干旱过程中降水的亏缺占了主导的地位，而蒸散的增加只起到了推波助澜的作用；旱情较轻的是*CI*和*PDSI*指数，*CI*监测结果偏轻的原因可能是将日*CI*指数转换成月指数的过程中，对旱情的强度进行了时间和区域平均，因此对干旱过程中强度较强的过程没有体现出来；而*PDSI*计算过程中考虑的要素较多，主要包含了土壤湿度等因素，因此其结果更能反映农业干旱的程度。*SPI*的监测结果与其他几个指数相差较大，其结果与实际情况相比，基本没有从强度和范围上识别出此次秋旱，原因可能是其在河南省的适应性还有待改进。由以上分析可知，虽然大部分气象干旱指数都能够从时间变化和空间分布上监测出此次干旱过程，但是气象干旱和农业干旱并不是同时出现的，气象干旱强度较强的时候，农业干旱可能才露出苗头，但是，通过气象干旱来预测农业干旱仍不失为一种有效的服务途径。

2. 2011年春季干旱

2011年春季，河南省降水持续偏少，日照偏多，气温偏高，3、4月全省平均降水量为26mm，比常年同期偏少68%，为1961年以来同期第三位最少值；据监测，截至2011年4月30日，全省出现了轻、中度的气象干旱，西部和南部的部分地区为重旱。

全省农作物受旱面积达到 80 万 hm^2，其中重旱 3 万 hm^2，干旱对正处于抽穗扬花期的小麦产生了不利影响。2011 年 5 月 9、10 日河南省出现的及时雨对缓解旱情、减少农业气象损失起到了不可估量的作用，对改善生态环境也十分有利（谷秀杰等，2012）。

由以上分析可知，本次干旱过程是一次明显的干旱到缓解的过程。2011 年 3、4 月河南旱情严重，而 5 月由于降水的到来，旱情有了明显的缓解。通过对比 K 指数和 20cm 土壤相对湿度的监测结果可知：K 干旱指数不仅很好地监测出了河南省 3、4 月的旱情，而且也及时地反映了降雨过程对干旱的缓解效果；而 20cm 土壤相对湿度的监测结果在 3、4、5 月三个月并没有明显的差异，甚至在 5 月的轻旱面积比前两个月还要大，若以 20cm 土壤相对湿度来代表农业干旱的话，可以明显看出当气象干旱明显缓解的时候，农业干旱可能还未体现出来或者农业干旱并没有明显的强度变化。

由以上分析可知，对于河南省的季节干旱过程，大部分气象干旱指数（CI、K、Pa、Z）都能够及时反映干旱的发生、缓解、强度变化等过程，而 $PDSI$ 和 20cm 土壤相对湿度更能代表农业干旱的程度，当气象干旱发生时，农业干旱还没有明显地表现出来；同时，当气象干旱缓解时，农业干旱的强度也没有明显的变化。因此，气象干旱与农业干旱之间存在着明显的滞后效应，在实际应用中，我们可以利用这种不同干旱种类之间的滞后效应来为农业干旱提供预报，从而减少干旱造成的农业生产方面的损失。

三、基于植物需水信号的智能化精量灌溉技术

全球气候变化背景下，随着暖干化趋势的加剧，中国农业可用水日益减少，种植业需水逐年增加，农业水资源供需形势日趋严峻。1999—2008 年的 10 年间，中国农业用水已从 3 900 亿 m^3 下降到 3 600 亿 m^3，其中灌溉用水减少约 300 亿 m^3。近 60 年来，东北农业主产区春季降水和华北农业主产区夏季降水减少的趋势明显。1978—2008 年，东北、华北和西北旱地作物需水量由 2 800 亿 m^3 增加到 3 500 亿 m^3，增加了 700 亿 m^3。农业需水和生产可用水之间的矛盾已成为中国农业增产的重大资源瓶颈。

（一）关键技术引进

随着现代计算机、智能化控制、精密传感技术的飞速发展，基于植物需水信号的智能化精量灌溉，已成为现代节水农业研究的重要方向，其能准确感知作物的需水信息，适时适量地供给水分，显著提高作物产量和改善产品品质，大幅度提高灌溉水的利用率和作物水分生产力，正好满足当前和未来适应气候暖干化趋势的技术需求。近年来，国内对该项技术的研究还处于探索阶段，距生产应用还有一段距离，主要集中在基于土壤墒情、植物叶-气温差以及茎秆直径变差、液流通量信息的精量灌溉控制理论的研究。国际上已经出现了应用前景广阔的基于植物需水信号的精量灌溉技术产

品。如美国 Dymax 公司生产的 Flow 4 灌溉控制器、亨特公司制造的 ET 灌溉控制系统，是基于植物茎秆液流和作物蒸散量进行控制；以色列 Netafim 公司开发了基于叶片生理特性变化和植株茎秆变差的灌溉控制系统 IRRIWISE。

以色列的基于植物需水信号的智能化精量灌溉技术，通过研究作物需水信号响应水分亏缺的机制，建立智能化精量灌溉控制模型，最终构建作物智能化精量灌溉研发平台。该技术以作物实际需水为依据，以信息技术为手段，可以显著提高灌溉精准度，实施合理的灌溉制度，提升水的利用率。智能化精量灌溉技术能够改善灌溉管理水平，改变目前普遍存在的粗放灌水方式，改变人为操作的随意性，同时智能控制灌溉能够减少灌溉用工，降低管理成本，显著提高效益。该技术可实现以下功能：

（1）数据采集功能。可自动采集和处理温度、湿度、风速、雨量、光照等环境参数。

（2）灌溉控制功能。具有自动灌溉、定时灌溉、周期灌溉、手动灌溉等多种模式，用户可根据需要灵活选用灌溉模式；可实现中控室控制，通过手机短信、现场遥控及现场手动等多种方式进行控制。

（3）参数设置功能。可以对现场的温、湿度限值进行设置和修改；可通过控制器或后台监控系统完成灌溉起始时间、停止时间、喷灌时间等参数的设置。

（4）通信功能。通过后台机查看、设置、修改参数；采集数据上传后台机，供后台机进行数据处理和显示；接收后台机发出的控制命令。

（5）数据处理功能。后台机可完成用户提出的统计、贮存、查询等各种数据处理功能，并可打印用户要求的报表。统计电磁阀门开启次数和时间；统计通过电磁阀门的水流量；统计系统故障次数，统计系统使用率等。

（二）关键技术应用示范

以追求果实优质高产和水分高效利用为目标，通过果园控制灌溉试验研究果树受土壤水分胁迫时需水信号的响应机理及其与环境因子之间的关系，为基于需水信号监测的果树水分状况诊断方法提供理论依据，来实现果园精量灌溉控制模式，最终探索出一种基于果树需水信号和微气象环境信息的精量灌溉控制方法。

通过试验测定果树在土壤水分胁迫时液流、冠-气温差、光合与蒸腾等需水信号的响应特征，确立果树需水信号与土壤水分、微气象因子之间的关系，试图建立基于果树需水信号和微气象信息的灌溉决策方法来确定不同生育期维持果树正常生长水分诊断指标和方法。本试验通过桃树需水信号对灌水量和微气象环境的响应研究，分析了不同灌水量处理下桃树液流、冠-气温差的变化规律及响应灵敏度；桃树液流、冠-气温差对灌溉的应变规律；桃树需水信号与环境（土壤水分和微气象）因子之间的关系。

以移动式遮雨棚下生长的 4 年生桃树为试验材料，通过桃树需水信号如液流、冠-气温差对灌水量和微气象环境的响应研究，来分析桃树需水信号对灌水量和微气象环境的响应规律，以期为果树的精量控制灌溉提供理论依据。试验在西北农林科技大学旱区农业水土工程教育部重点实验室的灌溉试验站移动式防雨棚中进行（图 4-3）。试验站地处东经 108°42′、北纬 34°20′，海拔 521m，多年平均气温 12.5℃，属于半干旱半湿润气候，多年平均降水量 632mm，蒸发量 1 500mm，地下水埋深较深，土壤质地为棕壤，其 1m 土层内的田间持水率为 23.3%～25.5%，平均干容重为 1.44g/cm³，土壤肥力较均一，0～1m 土层土壤初始平均体积含水率为 25.99%。

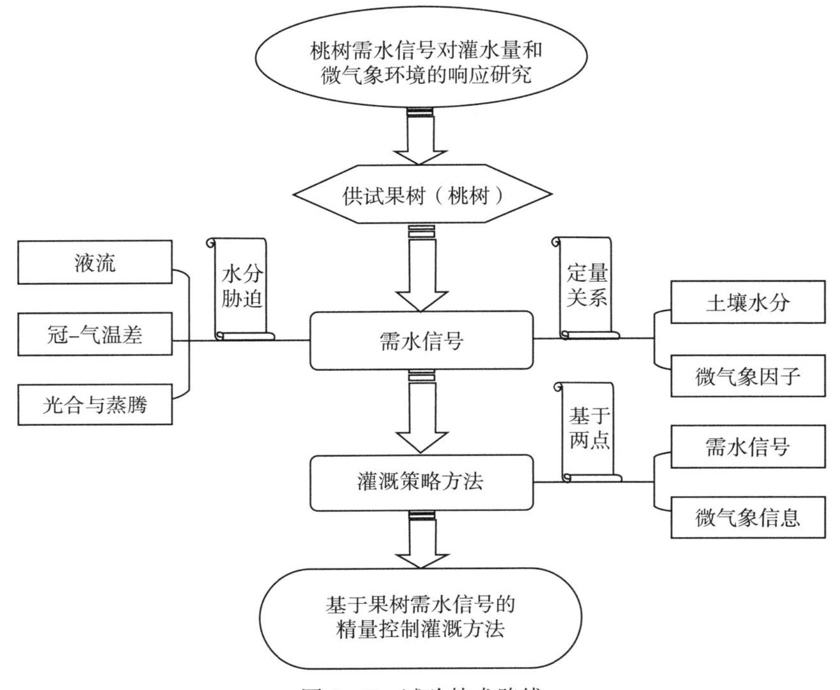

图 4-3　试验技术路线

供试果树为桃树（FX2000-1），试验设 4 个灌水量处理，1 个为充分灌水，其灌水指标为 100%ET_0（I1），另外 3 个灌水处理为非充分灌水，即灌水分别为 75% ET_0（I2）、50% ET_0（I3）和 25% ET_0（I4）。作物需水量依据 2002—2004 年的参考作物蒸发蒸腾量 ET_0 计算，每次灌水量的计算一般采用的 ET_0 为 2002—2004 年 3 年间 10～15d 的平均值。每个灌水量处理设 3 次重复。在桃园选取冠幅大小相近、树干直径相同且周围环境相似的 12 棵桃树为监测样树。在每个样树根部挖 20cm 宽、1m 深的防侧渗沟，埋入 1m 深的双层防侧渗塑料膜，同时地表以上预留 20cm 双层防渗塑料膜，防止样树之间水分侧渗。

研究表明，不同灌水量处理条件下桃树液流速率存在明显的日周期和连日变化规律。桃树液流速率在正常生长状态下呈现出典型的多峰曲线特征。桃树液流速率晴天比阴天变化明显，且阴天的液流速率明显小于晴天的液流速率。各个灌水量处理间液流速率变化的峰值起升和降落时间无明显差别，但在低水条件下，峰值较小；高水条件下，峰值较大。不同灌水处理之间液流速率日际变化存在明显差异，高水处理液流速率大，低水处理液流速率相对较小。

果树的液流速率除与土壤水分含量有关外，还与太阳辐射、大气温度、大气相对湿度等微气象环境因素密切相关（龚道枝，2005）。本研究表明，晴天，液流速率上升较快；阴天，液流上升速率较晴天小，不同灌水处理条件下，桃树液流速率晴天比阴天变化明显，且阴天的液流速率明显小于晴天的液流速率，出现这种现象很大程度是因为太阳辐射的强度影响着桃树液流速率的大小。

大气相对湿度的昼夜变化也影响着桃树液流的周期变化，随着大气相对湿度的下降，桃树液流速率上升，且在大气湿度出现波谷时先达到峰值。当大气相对湿度保持在上升阶段时，液流开始下降，且在大气相对湿度到达波峰之前趋于一个稳定的值，液流速率的变化基本停止。

桃树冠层温度-气温差绝对值随时间变化有较大差异，但每次测定值为低灌水量处理冠层温度-气温差高于高灌水量。冠层温度随着气温的升高不断增加，12：00—14：00 达到最大值，然后逐渐降低，有明显的日变化过程。桃树冠层温度达到峰值时间基本与气温峰值时间一致。

太阳净辐射是影响冠层温度的关键因素之一，晴天桃树的冠层温度明显高于阴天，而晴天桃树的冠层温度-气温差日变化差异也明显大于阴天，两者峰值都出现在 14：00 左右（即一天温度最高时），表明冠层温度随太阳净辐射量的增加而增大，冠层温度-气温差也随太阳净辐射量的增大而变化显著。同时，不同灌水量处理之间冠层温度及冠层温度-气温差也存在差异，高灌水量处理冠层温度及冠层温度-气温差较低灌水量处理变化显著。冠层温度-气温差与土壤含水量间具有较好的负相关关系。这与冠层温度以及冠层温度-气温差与土壤含水量和太阳净辐射量的变化有关（梁银丽等，2000）。

四、基于作物低温胁迫模型的灾害诊断与管理技术

近 20 年来全球气候变暖，霜冻害的发生却趋于频繁，同时霜冻发生还有一个新的特点，就是北方霜冻初终日期变率加大、南方寒害也时有发生。如 2004 年入冬初期气候异常偏暖，随后突然降温，造成一些地区早播小麦及其他越冬作物较大面积遭受冻害，蔬菜生长也受到抑制。在中国一年生作物的生产中，冬季冻害和春季倒春寒一直是制约其前中期生长发育的主要因素。中国每年受低温冻害面积约 200 万 km^2。在冬季来临之前，随着气温的逐渐降低，作物体内发生了一系列的适应低温的生理生

化变化，抗寒力逐渐加强。但是在未进行过抗寒锻炼之前，即使是抗寒性很强的植物对寒冷的抵抗能力还是很弱的。冻害对作物的影响，主要是由细胞间和细胞内的结冰引起的。由于冷却情况不同，结冰方式不同，其造成的伤害也不一样。近年来随着对低温研究的深入，认识到影响低温胁迫的因素有许多，通过试验与观察研究正在逐步建立判断低温灾害发生的指标系统，并在不断完善。通过低温指标系统的建立使人们对低温灾害的发生更易判断，从而做好灾前防御与灾后补救工作，降低对作物产量的影响。

（一）关键技术引进

一些发达国家一直注重低温灾害对作物的影响机理及调控技术的研究，应用网络信息化等技术手段进行低温灾害的监测预警。网络的日益发达加速了信息的更新与交换，在对作物低温灾害的监测预警模型中引入网络技术，即形成了基于万维网（Web）的作物低温灾害的监测预警模型，也将有利于作物低温灾害的监测预警模型的传播与使用，更加便于对低温冻害的监测预警。

美国基于作物低温胁迫模型的灾害诊断与管理技术根据不同地区多年的气象资料、作物和品种对温度或热量条件的生理需求，建立低温灾害的指标系统；分析低温胁迫下作物的各项生理指标，判别和预测作物是否发生了低温冷害以及冷害发生的严重程度；在建立冷害指标的基础上，对越冬作物的春化驯化及越冬过程进行模拟，研究低温对主茎叶数、干物质积累及产量形成的影响；构建灾害诊断与评价方法、建立基于作物模型的低温灾害决策管理与评价系统；应用地面监测技术-农业无线远程监控系统，提高低温灾害监测的精准性和时效性，实时采集监测现场的数据，通过对监测数据的挖掘分析，对低温灾害进行初步分析；最终拟通过将作物生长模拟技术与无线传感技术、计算机专家咨询系统相结合，建立完善的计算机决策管理系统。其核心内容包括以下方面：

1. 小麦低温灾害远程监控与数据挖掘分析

开发多功能远程监控终端和基于第三代移动通信技术（3G）和互联网（Internet）的作物高清图像获取和传输技术，开发基于作物图像和气象数据一体化的监控装置，提高对低温灾害的远程可视化辨识能力；该系统采集得到监测现场的实时数据，图像采集的可视化监测使对作物生长状况的监测更加直观。对这些数据进行深入挖掘分析，将系统采集的环境因子数据与作物模型相结合，通过模型中的一系列算法，对数据进行分析，从而对作物的生长和受灾状况作出诊断，为低温灾害的决策诊断提供科学依据。

2. 低温灾害诊断与评价方法及模型

从作物低温胁迫的生理影响和环境因素的影响两方面进行分析，得到多个影响低温灾害形成的因素，通过分析归纳，利用经验与数学方法得到主要因子，建立低温灾害的指标系统，从而对低温灾害的发生进行诊断。构建通过主茎叶片数的数量变化判断春化效应的模型以及基于 Web 的冬季作物的存活量的模型，该模型以网络技术为基础，依据灾害指标系统，对越冬作物的春化驯化以及越冬过程进行模拟。该模型认为作物所处的温度和暴露时间均对损伤程度有重要作用，其中的主要参数为临界致死温度 $LT50$（冬作物越冬期间有 50%的植株受冻死亡时的最低温度）和春化系数，并以逐日累积值作为作物的耐低温能力值，可随日期的变化逐日更新。模型还试图从遗传因素方面，解释低温对作物的影响。并且该模型还可根据模型中预测的冻害事件的发生率形成作物大田生长图，使对灾害的程度有更直观的了解。通过低温灾害诊断方法的使用及模型的建立，加强对低温灾害的监测与诊断，从而及时发现，及早做好灾后补救，另外，随着方法的改进优化，实现对低温冻害的预报，采取防御措施，避免灾害的发生，从而降低灾害所带来的损失。

（二）关键技术本地化开发

低温胁迫是指农作物在生长季遭受低于其生长发育所需的环境温度的迫害，导致农作物减产的自然灾害，它是影响中国农业生产的主要气象灾害之一。目前，人类尚无法控制、改造大的气候环境，所以为有效减轻低温胁迫所造成的损失，进一步探索各地低温胁迫的发生规律，对其进行准确、超前预测，仍不失为有效的防灾减灾措施。用于低温胁迫预测的方法主要有以下几类：数理统计方法，应用物候信号的方法，气候模式与农业气象模式相结合的方法，卫星遥感的低温监测。虽然低温胁迫预测技术取得了较大的发展，但仍缺少将新型的计算机技术尤其是网络技术与农业气象灾害的预测防御相结合的低温胁迫远程诊断系统，这就有了开发一套这样系统的需求。

决策支持系统是一种人工智能系统，它是通过计算机结合个人的智力资源来改进决策质量的，是一个基于计算机的技术支持系统，可以克服人在处理和存储上的限制，提高决策效率、缩减费用。将决策支持系统引入到农业气象灾害的防灾减灾之中，建立农作物低温胁迫决策支持系统，就是要利用它的这些特点，提高气象部门以及相关农业生产部门的决策质量，更加有效地指导农业生产。

监控技术是指具有数据采集、监视、控制功能的技术，即数据采集和调控技术，也是人们常说的 SCADA（Supervisory Control And Data Acquisition）。计算机监控系统是以控制计算机为主体，加上监测设备、执行软件，与被监测控制的对象共同构成的整体。在这样的系统中，计算机直接参与被监控对象的监测（monitor）、监督（supervise）和控制（control）。远程实时监控是指通过网络系统对远端的设备进行实时监测与控制，包括设备的远程数据实时采集、远程实时调控和远程实时维护管理。

进入21世纪后，随着通信与网络技术的飞速发展，现代农业管理和调控对信息网络化技术提出了更高的要求。中国农业科学院农业环境与可持续发展研究所进行了农业环境与农业气象灾害远程监控系统关键技术研究和产品开发，并基于GPRS/CDMA/3G和Zigbee无线网络，构建了针对农业环境与气象灾害的远程监控和诊断系统。现场硬件监控设备采用Zigbee无线传感器网络技术进行数据采集与传输，主节点设备集成3G/4G无线传输模块，实现采集数据的无线远程传输，使其到达指定的数据库服务器。

该系统采用ASP. NET技术规范构建了B/S（Browser/Server）模式下远程监控平台，为用户提供了便捷的远程服务界面。应用该系统，可监测农业现场空气温湿度、土壤温度和含水量、光照强度、CO_2浓度及相关微量气体、风向风速和降水等与农业紧密相关的重要气象要素。此外，还开发了图像和视频监控系统，通过图像视频与环境数据监控一体化技术，达到“身临其境”和“眼见为实”的综合效果。该系统集数据采集、本地存储、远程传输和自动报警于一体，它使农业专家和涉农人员即便在办公室也能通过网络看到植物生长状况，了解重要农情信息，并进行远程诊断和调控管理。

20世纪90年代，在中国随着计算机网络和互联网技术的成熟和普及，计算机网络和互联网开始进入农业领域，涉农人员可以随时随地及时快捷地获得各种科技信息、管理信息、市场供求信息、气象与土壤信息、作物与病虫害信息等。互联网和计算机网络的结合，正在改变农业高度分散、生产规模小、时空变异大、量化与规模化程度差、稳定性和可控程度低等行业性弱点。网络信息技术在农业领域的普及和应用，使“运筹帷幄、决胜千里”的管理调控理念成为现实。

物联网（Internet of Things）概念在1999年由美国麻省理工大学首次提出。国际电信联盟（ITU）2005年度报告提出：信息与通信技术的目标已经从任何时间、任何地点连接任何人，发展到连接任何物体的阶段，而万物的连接就形成了物联网。从技术层面上看，物联网与互联网有着天然的紧密联系，二者都是基于某种开放的网络间通讯协议，实现同构或异构网络的互联与信息交换，但物联网更强调把所有具备信息传感功能的设备或物体互联，从而形成的一个巨大的传感器智能网。

物联网技术在工业控制和电子商务等领域已经有了较快的发展，而在农业领域因其行业特点和其他条件所限正处于起步阶段，但已有一些探索和应用的案例。这些应用包括农业环境监测、温室控制、节水灌溉、气象监测、产品安全与溯源、设备智能诊断管理等方面。随着物联网技术的不断普及和应用，针对农业低温灾害的监控技术将会得到进一步的提升，并被普遍应用到灾害监测预警和诊断调控过程中。

随着现代农业的不断发展，对基于作物模型与农田气象灾害远程监控技术相结合的研究提出了迫切的需求。作物模型用于描述作物生长发育情况与作物生长环境因素之间的关系，是实现精准农业管理和调控的重要基础，也是实现自动化智能化农业生产的关键技术。应用作物模型研究温度胁迫对作物生长发育、干物质分配、产量形成等的影响，对低温灾害预警和调控管理具有重要的意义。另外，将远程监控数据作为作物模型的主要输入，可及时调整作物模型的模拟输出偏差，提高模型预测的精确性，从而使其实用性大大提高。作物模型大致可分为机理模型和经验模型，在农业监控系统中，需要建立使用环境参数描述的作物模型，根据作物品种和不同阶段的气象条件提供相应的调控预警策略，实现自动化智能调控。现有的许多作物模型由于其复杂性和描述方式的不兼容，很难直接与农业监控系统相结合，不利于形成完整的解决方案和进行实际应用。目前荷兰和美国、日本等农业发达国家在作物模型研究方面居于领先地位，但对于如何与实时监控系统融合，仍在不断探索研究。

FROSTOL模型由加拿大萨省大学、加拿大小麦委员会以及加拿大西部农业实验室共同开发研制。该模型的开发始于20世纪90年代，是可以专门针对冬小麦低温灾害进行实时监测预警的模型。冬小麦经历严冬后，次年能否继续存活的关键在于分蘖节能否安全过冬。国内外大多以冬小麦分蘖节的临界致死温度 *LT*50 作为冬小麦抗寒水平指标。模型通过模拟作物在整个越冬期不同气候条件下的 *LT*50 判定灾害发生情况。早期该模型尝试根据CERES作物生长模型确定加拿大西部当季气候条件下冬小麦的生产潜力和冻害风险评估。Fowler教授等人在生理基础上进一步采取措施，基于温度与品种对耐冻性系数的依赖，开发了冬小麦耐冻性的模拟，同时还与Lecomte等模拟了每日耐冻性的变化，进而对冬小麦第一片叶损伤的最低温度进行预估。FROSTOL模型可专门针对冬小麦霜冻害进行实时监测预警，该模型已经在加拿大、挪威、美国等地诸多试验点进行验证，取得了很好的结果。Fowler等通过不断的试验和模拟，使整个模型的功能更加完善，使用更加便利，以便推广到更多国家和地区（陈曦，2015）。

近年来的研究中只有少数模型对小麦越冬性能中遗传力与环境因素的关系进行了解释说明，而这在小麦冬季受害情况与产量关系的研究中非常重要。经过大量试验和研究，FROSTOL模型对越冬性能中小麦的遗传力与环境因素的关系作出了解释说明。目前，国内尚无FROSTOL模型的相关报道，如果可以将该模型引入中国或通过对该模型的探究开发、完善中国小麦越冬模型，将会对中国越冬小麦冻害监测、预警和防控有很大的帮助。有学者对该模型进行了初步研究，并将模型部分原理应用于小麦监控预警系统中（陈曦等，2015）。

（三）关键技术应用示范

本研究围绕主要作物低温灾害监控的需要，分别在黑龙江、河南、山西等省份部署安装了远程监控系统，重点对玉米低温冷害、小麦和棉花霜冻害、温室弱光低温灾害等进行了远程动态监测（杜克明，2015）。通过远程监控技术，可实时准确获取现场各种数据信息（包括图像信息），为掌控田间现场环境变化、制定应急防灾调控措施提供了可靠的技术手段。

安装在现场的监控终端是硬件的主体，整个系统具备数据自动采集、远程传输、存储管理、网络发布、分析处理等功能。从逻辑结构上将系统划分为三大子系统：安装在现场的数据采集与远程传输子系统、服务器端数据接收与存储子系统、基于Web的数据管理与应用子系统。

本系统从逻辑结构上也可划分为三个部分：现场数据采集与发送模块、服务器端数据接收存储模块、基于Web的数据管理和应用模块。在现场可以根据需要安装不同数量的传感器节点，构成一个或多个无线传感器网络。所有传感器节点采集的数据传输到汇聚节点，再通过移动通信模块（GPRS/3G/4G）和Internet网络连接，实现数据的远程传输，并将其存储于的数据库服务器。

数据库中心管理平台采用Visual Studio 2003开发工具开发，实现一套完备的基于Web技术的数据监控与综合管理应用系统。程序设计采用B/S（Brower/Server）体系结构，用户的所有操作通过客户端浏览器（Brower）实现，主要业务处理在Web服务器端（Server）实现，数据存储、提取和更新等操作则在数据库服务器端实现。用户登录访问时自动读取SQL Server数据库中已注册终端的数据，实现对任意终端数据的实时访问。

Web程序提供安全稳定、易于操作的人机交互界面，用户可以随时随地通过Internet对远程终端环境数据进行查询和处理。目前模块可实现以下几方面的数据分析处理功能：实时数据显示；历史数据查询；数据报表生成和下载；数据动态分析，即对实时和历史数据基于图形曲线的分析；远程终端传感器布局查询，以便用户更清晰直观地了解每组环境数据对应的发生时间和在远程监控现场的具体空间位置，为作物生长环境的精确分析提供依据。

目前分别在黄淮海等地区建立了针对小麦低温灾害的远程监控系统，可对霜冻和越冬冻害进行远程监控预警与诊断分析。除了可远程监测与作物密切相关的各种环境与气象数据，还能远程监测作物图像，根据作物生长发育期判断当时的环境指标是否满足需要，使其针对性更强、信息更全面、结果更可靠。由此可见，通过环境数据和作物生长发育图像监控一体化，将大幅度提高作物胁迫诊断和监控预警能力。另外，还能看到现场的其他景观（如降雨、降雪、收割和播种等）。

低温对作物的影响是非常复杂的，不仅与作物品种、作物发育期、低温强度和低温持续时间密切相关，还与调控管理措施和减灾技术有关。因此，建立低温灾害诊断标准是非常重要的工作。

通过对基于 Web 的远程诊断管理系统关键技术的分析，在总结低温胁迫领域专家经验和知识的基础上，实现了一个基于 Web 技术的低温胁迫远程诊断与管理系统，真正实现了农业数字化网络连接的“最后一公里”，使之具有实时诊断和管理的功能。使用者可以访问该系统并根据自己的实际需求自主获取信息。可以通过电脑、手机浏览网站并查询，及时获得所需信息。

本系统具有实时采集田间空气温度、空气湿度、土壤温度、土壤湿度、降水量、总辐射、CO_2 浓度、风向、风速等气象数据的功能，使用者通过电脑界面实时观测田间观测数据，可以对这些数据每天的变化进行分析，同时根据作物田间生长状况诊断方法的需求，对采集的数据进行相应的推理计算，与已有的诊断指标进行比较分析，进而对作物的生长状况进行准确的分析，真正实现了作物田间生长状况诊断的自动化和智能化。

晚霜冻害预警系统主要由三部分构成，分别为：田间现场的数据采集和远程传输、服务器端接收与存储、基于 Web 的数据管理与应用。系统采集的实时监控田间环境参数包括空气温度、空气湿度、土壤温度、土壤湿度、降水量、总辐射、CO_2 浓度、风向、风速等。另外，图像采集系统每小时定时采集田间照片，用户可对田间生产状况进行最直观的视觉诊断。

五、APSIM 模型引进与影响评估技术

作物模型是以作物为研究对象，根据农业系统学与作物科学原理，对作物与环境以及经济因子及其关系的定量化表达（曹洪鑫等，2011）。冠层太阳辐射截获理论通常被认为是作物生长模型的研究开始的标志（谢云等，2002）。自 19 世纪 60 年代后期作物模型建立以来，作物生长模型经历了 60～70 年代模型研制阶段、80 年代的模型的应用阶段以及 90 年代以后的模型优化阶段，至今作物模型已经被越来越广泛地应用到实际生产和科学研究的多个领域。

目前已建立的各种作物模拟模型至少有 100 种，荷兰、美国、澳大利亚等国家在研发作物模型方面的成果较为突出。荷兰的 Wageningen 系列模型在作物生产系统的各级生产水平的假设上进行，具有解释性、机理性和通用性强的特点。自 19 世纪 60 年代以来，研究者在不同研究阶段针对不断变化的研究推出了一系列模型，如 ELCROS（Elementary CROp Simulator）、SUCROS（Simple and Universal Crop growth Simulator）、WOFOST（World Food Studies）、LINTUL（Light Interception and UtiLization）等。其中，LINTUL 模型中，作物生长速率由冠层辐射截获量和光能利用率决定。而光能利用率在整个生长季通常设定为常数，作为作物的特征参数。LINTUL 类模型所需输入数据明显减少，模型的参数化工作也大大简化，这对于区

域性研究具有一定的优势。DSSAT 系列模型和 GOSSYM 模型是美国的代表模型。其中 DSSAT 模型具有鲜明的应用特征，除去一些通用模块外，每一个作物都有自己的模块，包括 CERES 系列模型、CROPGRO 系列模型和 SUBSTOR potato 模型等，可模拟 27 种作物。DSSAT 可通过 GIS 外插至区域水平。GOSSYM 模型是 1983 年推出的棉花动态模拟模型，可在生理过程水平上模拟棉花的生长发育和产量形成，其本质是表达植物根际土壤水分和氮素与植物体内碳和氮物质平衡的模型。该模型具有机理性、通用性、复杂性，其主要功能是模拟棉花各器官生长发育状况、预报生理胁迫情况，为管理系统提供事实数据。澳大利亚的 APSIM（Agriculture Production Systerms sIMulator）模型与 DSSAT 模型类似，它通过“拔插”的方法使不同模块之间实现逻辑联系，将各种不同作物模型集成到一个公用的平台，可将作物、土壤以及其他子模块配置成为一个用户自己的作物模型。APSIM 模型的另一大特点是其系统核心突出的是土壤而不是植被（林忠辉等，2003）。

作物生长模型目前已经得到越来越广泛的应用，其在产量预报、生产力分析、气象灾害风险评估、栽培管理措施优化决策、作物育种以及植保等方面有着广泛的应用。目前作物生长模型仍存在不足之处，例如模型生长某些过程或环境动态的某些过程仍然建立在经验关系基础之上；模型的决策系统在实际生产应用中仍存在一些问题。传统的作物生长模拟模型在应用上有以下几个特点：①所需要的参数较多，一般需要研究站点的天气数据、土壤的理化性质、水分管理、田间管理措施等（Whistler et al.，1986）；②作物品种选择的当地化，即使同一品种在不同地区其遗传参数也有差别（Ritchie，1998）；③模型大多数采用单站点人机对话的形式，一次运行一个站点一年或多年的模拟（熊伟，2004）。因而，当作物模拟从单点扩展到区域尺度应用时，模型基础参数的获取、初始条件的确定、作物品种的适用性等问题影响了作物模型的区域应用。目前，这也是作物模型应用中的热点和难点。

（一）关键技术引进

APSIM（Agricultural Production System Simulator）是由隶属澳大利亚联邦科学与工业研究组织和昆士兰州政府的农业生产系统研究组（Agricultural Production System Research Unit，APSRU）开发的具有模块化结构的作物生产模拟系统（Probert et al.，1995；Asseng et al.，2000）。APSIM 模型主要由三部分组成：模拟农业系统中生物和物理过程的生物物理模块（biophysical modules）、用户定义模拟过程的管理措施和控制模拟过程的管理模块（management modules）、各种调用模拟数据的输入输出模块及结果输出模块（data input and output modules）。这些模块都是由中心引擎（simulation engine）来驱动和控制的。与其他作物模型相比，APSIM 模型以土壤而非作物为核心模块，以天气、作物和管理措施等因素引起的土壤特征的连续变化为中心，故而在连续模拟中，效果较好（McCown et al.，1996；Keating et al.，2003）。

APSIM 模型可模拟大麦、小麦、玉米、棉花、麻、油菜、花生、甘蔗、豆类作物等多种作物。该模型通过设计“插拔”式结构构建高度独立的作物生长模块、土壤水分模块和土壤氮素模块，方便进行轮作、间作等种植方式和各种管理措施的模拟。近年来，APSIM 模型在世界各地的适应性已得到了验证（Asseng et al.，1998；Robertson et al.，2002；Keating et al.，2003），同时已在世界各地农业生产研究中得到广泛应用并发挥了强大的作用（Asseng et al.，2004；Peake et al.，2008；Bassu et al.，2009）。APSIM 模型在气候变化对农作物生长发育、潜在产量及农田水分平衡的影响等方面具有较好的模拟效果（Wu et al.，2006；Wang et al.，2008）。

自 APSIM 模型被引入中国以来，研究者开展了大量验证工作，主要集中在华北平原地区和东北地区。王琳、孙宁及李艳等利用冬小麦多年试验数据对 APSIM 模型在华北平原的适应性进行了检验，初步验证了该模型在华北平原的可行性（孙宁等，2005；王琳等，2007；李艳等，2008；Chen et al.，2010；刘园，2010；李克南，2014）。刘志娟等（2012）以东北三省农业气象观测站多年的春玉米试验资料为基础，校正和调试 APSIM 模型中的相关参数，评价 APSIM 模型对东北春玉米的生长发育和产量形成适用性。大量研究结果表明，APSIM 模型对中国东北玉米和华北平原小麦和玉米生长模拟具有较好的适用性。

（二）关键技术本土化

APSIM 模型主要模块包括时间模块（clock）、气象模块（met）、玉米模块（maize）、管理模块（manager）、地表有机质模块（surface organic matter）、施肥模块（fertiliser）、土壤模块（soil）、灌溉模块（irrigation）和结果输出模块（outputfile）等。APSIM 模型需要输入的数据包括：逐日气象数据（最高温度、最低温度、降水量和太阳辐射等）、分层土壤数据（土层厚度、饱和含水量、田间持水量、凋萎含水量、容重、土壤 pH、土壤有机质和地表留茬状况等）、栽培管理措施（播种期、播深、灌溉、施肥等）和品种数据（品种类型和品种参数等）。

气象模块是模型模拟中必不可少的模块，所需气象数据包括逐日的最高、最低温度、太阳辐射及降水量。所需的太阳辐射采用 Penman-Monteith 公式计算，模型中涉及的土壤参数包括分层土壤容重（*BD*）、饱和含水量（*SAT*）、田间持水量（*DUL*）、凋萎系数（*LL*15）等。品种参数对作物遗传特性进行定量描述，用来区分不同作物品种的遗传特征、发育性状及其产量性状。APSIM 模型对于小麦和玉米品种控制参数的描述，主要分为两类：一类是控制作物生长发育的参数；一类是控制作物产量形成的参数（表 4－1）。

表 4-1 APSIM 模型对小麦和玉米品种控制参数的描述

作物模块	参数类型	品种参数	描述
小麦模块	生育期控制参数	vern _ sens	春化指数
		Photop _ sens	光周期指数
		tt _ startgf _ to _ mat	灌浆到成熟的积温（℃·d）
	产量控制参数	grain _ per _ gram _ stem	单位茎秆干物质的籽粒数
		potential _ grain _ filling _ rate	单株潜在灌浆速率（mg/d）
		max _ grain _ size	最大籽粒重（g）
玉米模块	生育期控制参数	tt _ emerg _ to _ endjuv	出苗到营养期结束的热时数（℃·d）
		tt _ flower _ to _ maturity	开花到成熟的热时数（℃·d）
		tt _ flower _ to _ start _ grain	开花到开始灌浆的热时数（℃·d）
		photoperiod _ crit1	光周期临界值 1（h）
		photoperiod _ crit2	光周期临界值 2（h）
		photoperiod _ slope	光周期斜率
	产量控制参数	Head _ grain _ no _ max	每穗最大籽粒数
		X _ stem _ wt	单株生物量（g）
		Y _ height	植株高度（m）
		Grain _ gth _ rate	单株潜在灌浆速率（mg/d）

在模型中将作物发育进程分为不同生育阶段，小麦生育期主要包括：播种期、发芽期、出苗期、花芽形成期/小穗形成期、开花期、开始灌浆期、结束灌浆期、生理成熟期和收获期等。玉米生育期主要包括：播种期、发芽期、出苗期、花芽形成期、旗叶展开期、开花期、灌浆开始期、灌浆结束期、成熟期和收获期等。模型对于小麦和玉米的生育阶段长度的控制方式相同，除播种期到发芽期的长度受土壤水分控制外，其他各阶段的长度都受热时数（thermal time）、春化和光周期的控制。在模型中作物生物量累积和产量的形成受光能利用效率、干物质分配、叶面积生长、灌浆速率、籽粒数以及水分限制和氮肥限制等过程控制。

（三）关键技术应用示范

利用 APSIM 模型分析作物产量，国内外已经进行了大量研究。Asseng 等用 APSIM 分析了地中海地区小麦的潜力，并认为模型对于模拟地中海地区的小麦产量潜力非常有效，结果表明，地中海地区降水量较少地区小麦产量潜力为 0.1～4t/hm^2，而在降水量较高地区，其产量潜力为 1～7t/hm^2（Asseng et al.，2008）。王静等基于验证后的 APSIM 模型分析了黑龙江省春玉米光温潜力、雨养产量以及气候-土壤生产力的时空分布特征，为当地玉米稳产高产科学管理提供了依据（王静等，2012）。

刘志娟等基于 APSIM 模型定量研究了东北地区春玉米潜在产量和雨养产量的时空变化特征，结果表明近 30 年（1981—2010 年）东北地区春玉米全区平均潜在产量为 10 890kg/hm^2，潜在产量随着纬度的升高呈降低的趋势，这主要是由热量条件决定的，潜在产量变化范围为 7 580～13 400kg/hm^2；全区平均雨养产量为 9 090kg/hm^2。雨养产量与经度呈非线性相关关系，即随着经度先增加后减少，变化范围为 4 460～12 600kg/hm^2（Liu et al.，2012）。李克南等基于 APSIM 模型研究了近 30 年（1981—2010 年）华北地区冬小麦产量潜力的时空分布特征，结果表明，华北地区冬小麦潜在产量为 6 860～10 640kg/hm^2，全区平均为 8 140kg/hm^2，在过去 30 年中冬小麦潜在产量每年上升 45kg/hm^2（Li et al.，2014）。

李艳等（2009）利用调参验证后的 APSIM 模型，以华北平原北京和山东禹城地区为例，分析了不同降水年型条件下冬小麦的产量风险；通过不同灌溉方案的设计和模拟，分析了不同的灌溉方案在各种年型条件下对降低冬小麦产量风险的作用。结果表明：北京和禹城地区冬小麦生育期内绝大部分年份降水不能满足作物的需求，严重缺水年型出现的频率均在 30%左右，两地严重缺水年型冬小麦平均产量仅为 2 445kg/hm^2 和 2 466kg/hm^2，产量风险较高。灌溉对于降低冬小麦产量风险具有明显的作用，需依据不同的缺水年型选择适宜的灌溉方案。在兼顾冬小麦稳产高产和提高水分利用效率的前提下，在严重和中度缺水年型进行 3 次补充灌溉，分别为底墒水、拔节水和开花水，而在轻度缺水年型条件下，底墒水和拔节水灌溉两次即可大大降低干旱带来的产量风险，灌水定额为 50～70mm，且随缺水程度的降低和灌溉次数的增加，可以适当减小灌水定额。孙宁和冯利平（2005）基于 APSIM 模型评估了北京地区 1955—2000 年干旱造成的冬小麦产量风险，结果表明当全生育期降水量小于 100mm、缺水量大于 169mm 时，北京冬小麦全生育期严重干旱，冬小麦产量在 4t/hm^2 以下。

明确历史气候变化及品种更替对作物生育期和产量的影响，有助于了解作物适应气候变化的机理，为未来育种提供研究方向。刘志娟等基于 APSIM 模型明确了东北地区气候变化背景下，玉米品种更替及播种期提前对气候变化的适应程度及对产量的影响，研究结果表明，若不考虑播期及品种的影响，气候变化将缩短东北地区玉米的营养生长期、生殖生长期和玉米生长季长度，最终导致玉米产量呈现降低的趋势。如果玉米播种期提前，玉米营养生长期延长，生殖生长期长度缩短。如果更替生育期较长玉米品种，玉米的营养生长期、生殖生长期和玉米生长季长度均会延长。因此提前播种期，主要延长玉米营养生长期长度，而更换玉米品种延长玉米生殖生长季。提前播种期和更换生育期较长的品种均带来了玉米产量的增加，其中更换生育期较长的品种将显著增加东北地区春玉米的产量，每 10 年增加 5%～14%（Liu et al.，2013）。

李克南等基于华北地区 6 个典型站点 1981—2005 年的作物和气象资料，结合 APSIM 模型，分析了过去 25 年的气候变化以及品种更替特征，明确了气候变化和品种更替对冬小麦生育期和产量的影响。研究结果表明，从 1981 年到 2005 年冬小麦生长季和营养生长阶段长度呈下降趋势，然而冬小麦生殖生长时期的长度略微增加。进一步的研究表明，在气候条件不变的情况下，新品种完成各个生育时期所需要的热时数均为增加的趋势，冬小麦生育期长度有增加的趋势，每 10 年全生育期长度增加 0.3～3.8d。在品种不变的情况下，气候变化使冬小麦生长季缩短、开花期提前、生殖生长阶段延长。通过冬小麦实际生育期的变化特征可知，气候变化直接影响冬小麦生育期。从实测数据可知，在过去 25 年中，冬小麦收获指数和地上部干物重呈显著增加趋势。对比品种更替和品种固定两种情景可知，品种更替可使冬小麦产量增加 5.0%～19.4%。气候变化降低冬小麦产量，温度升高和辐射降低是其主要原因（Li et al.，2015）。

APSIM 模型是基于作物生理生态机理、考虑作物生长与大气、土壤及生物等环境因素相互作用而建立起来的农业生产模拟系统，为气候变化对农业生产系统影响与适应研究提供了有效方法。为了确保作物模型准确模拟气候等环境要素对农业的影响和适应，模型参数本土化及有效性验证是必不可少的步骤，目前大量相关研究结果表明，APSIM 模型对中国华北冬小麦、夏玉米以及东北春玉米作物生长发育、产量形成具有较好的模拟性，可用于气候变化和管理措施等对作物生产的影响、作物产量分析、气象灾害风险评估，以及作物品种更替对气候变化适应性等方面的研究。

六、适应气候变化的小麦抗寒育种技术

普通小麦（*Triticum aestivum* L）含有 3 个亚基因组（A、B、D），由二倍体祖先种 A 亚基因组供体乌拉尔图小麦（*T. urartu* L）和疑似 B 亚基因组供体（*Aegilops speltoides* L）于 650 万年前天然杂交形成四倍体野生二粒小麦（*T. dicoccoides* L），之后大约 40 万年前（另说 8 000～10 000 年前）由四倍体栽培种（*T. turgidum* L）与 D 亚基因组供体粗山羊草（*Ae. tauschii* L）杂交形成了六倍体普通小麦（*T. aestivum* L）。小麦祖先种包括二倍体和四倍体起源于新月沃地，形成六倍体后其种植范围扩展到南纬 47°到北纬 57°，成为全球种植分布最广、适应性最强的作物。

小麦是主要的粮食作物，为全球三分之一人口提供能量和蛋白质，以及其他重要的营养元素和膳食纤维。据联合国粮食及农业组织（the Food and Agriculture Organization of the United Nations，FAO）估计，到 2050 年小麦产量需要增加 1.98 亿 t 才

能满足人口增长的粮食需求，即小麦产量需要在目前生产水平上增产77%（Kaur et al.，2019）。在目前可耕地面积逐渐缩小的形势下，提高小麦单产是唯一切实可行的方案，而品种选育和栽培管理措施是提高小麦单位面积产量的有效手段。

然而，近百年来人类活动对全球气候影响巨大。据预测，到21世纪末，世界平均温度将上升1.4～3.1℃。在气候变暖背景下，极端气候灾害频发，尤其是低温发生的频率、强度和持续时间都增加，小麦粮食高产稳产面临更大的挑战（Asseng et al.，2015）。1995—2010年，美国堪萨斯州发生了41次低温霜冻事件。在我国河南省，20世纪70年代之前，霜冻害发生概率大约40%，80年代达到50%，90年代高达80%；2000—2008年，山东省有8年发生冷害，其中5年小麦遭受冻害的面积超过播种面积的10%（纪洪亭，2017）。此外，由于气候变暖，我国部分地区在种植小麦时，强调高产或者优质品种，在原本种植冬性小麦的区域选择弱冬性、偏春性和抗寒性低的材料，从而人为地增加了低温冻害风险（葛君等，2019）。

低温冻害是小麦生产上常见的一种自然灾害，按照发生时间分为冬季低温冻害和春季冷害。2020年12月28日—2021年1月7日，我国全国范围内遭受寒潮侵袭，伴随着大风和大雪。2021年1月7日6时，北京南郊观象台气温降至－19.5℃，迎来1966年以来最冷清晨。这种极端低温对北方冬麦区和黄淮海北部冬麦区越冬小麦将是严重考验，一些不耐寒或者冬性不强的小麦品种将会出现冻害，造成死苗，影响产量。春季冷害主要指日平均气温高于10℃的情况下，突遇寒潮，极端低温<5℃或者5d平均气温低于10℃。这种春季低温会对叶片造成损伤，尤其是旗叶、倒二叶、倒三叶，不仅影响光合作用，而且影响籽粒灌浆期光合物质的运输；低温对幼穗和花粉粒的损伤，主要影响幼穗分化和花粉粒育性，减少穗粒数、降低产量。前者抽穗后出现光秆（小穗完全退化）、半截穗（下部小穗正常）、和尚头（顶部小穗正常）等穗型；后者在抽穗后整个幼穗颜色发黄或者顶部颜色变浅，或者幼穗颜色正常但是后期籽粒有缺位。在全球气候变暖的大背景下，暖冬和暖春的年份有所增加，小麦拔节期之前积温有所提升，使得小麦整个越冬期一直都在生长，导致拔节期提前的年数也在不断增多，增加了来年遭遇倒春寒的风险。此外气候变暖导致干旱频发，尤其是雨养条件下，小麦秋播前没有降水，土壤墒情不足，直接导致播种后出苗率低、苗整齐度差、苗弱、分蘖数少，增加了低温危害风险。

研究者已经从生理和分子水平对小麦低温的响应做了大量研究。在低温胁迫下，小麦叶片中的渗透调节物质如可溶性糖、可溶性蛋白和脯氨酸的含量会升高，有效地保护细胞膜的完整性和稳定性。不同小麦品种低温胁迫后渗透调节物质含量高低与其抗寒性正相关。在拔节期和孕穗期矮抗58各个指标都表现出强抗寒性特征（孙苗苗，2016）。小麦拔节期遭遇过山车式降温，如2018年3月下旬，河北邢台地区的日最高温度达到了34℃，创造了有气象记录以来之最；而清明期间最低气温降到0℃左右。

虽然低温持续时间短未形成倒春寒，但是由于前期温度高麦苗生长迅速，细胞液浓度降低，从而导致小麦抗寒力下降。

小麦应对低温的遗传研究主要集中于适应性基因包括光周期基因 *Ppd*、春化基因 *Vrn* 和早熟基因 *Eps* 以及抗霜冻基因 *Fr2* 和 *CBF* 家族基因。*Ppd*、*Vrn* 和 *Eps* 主要通过调控抽穗期影响小麦对特定环境的适应性。普通小麦是长日照植物，需要长日照条件（>14h 光照）才能开花。这种日照敏感性由位于小麦第二部分同源群的 *Ppd* 基因调控，显性等位基因 *Ppd-1* 光周期不敏感使开花期提前了 9～15d（Cockram et al.，2007），且具有一因多效性，同时调控株高及分蘖数和每穗小穗数。*Ppd-1* 基因的 3 个亚基因组同源基因存在多种单倍型，呈现出不同的抽穗期，利用不同单倍型组合可以培育抽穗期适宜的小麦品种。春化通过诱导来自叶原基的花原基的分化从而促进植物从营养生长期向生殖生长期转换。小麦中调控春化的基因有 4 个，即位于第五同源群的 *Vrn1-5A*，*Vrn1-5B* 和 *Vrn1-5D*，其显性等位基因决定小麦春性习性；*Vrn2-5A*，其显性决定小麦冬性；*Vrn4-5DS* 是 *Vrn1-5A* 在 5DS 上的一个拷贝，降低春化需求；位于小麦染色体 7B 上促进开花的 *Vrn3*。4 个春化基因存在互作，共同决定春化需求和开花时间；同时，*Vrn1* 除了调控春化需求，还影响其他农艺性状包括产量性状，具有一因多效性。

伴随春化，秋播小麦在冬季要经历一个冷适应过程从而获得耐冻性，以便在冰点温度下能够生存。目前研究认为，冷适应主要受 *CBF* 调控，其中抗霜冻基因 *Fr2* 包含 *CBF* 基因簇，位于小麦第五部分同源群，临近 *Vrn1* 基因。不同的 *Fr2* 部分同源基因等位变异功能不同，*FrA2* 基因拷贝数不同影响欧洲小麦材料的耐寒性和适应性；*FrB2* 等位基因与抗霜冻、开花时间和产量相关；*Vrn1* 和 *Fr2* 遗传连锁关系、春化敏感性与 *Fr2* 某些等位基因的相关性，表明对这些独立位点的共选择对小麦的适应性来说是非常重要的（Bloomfield et al.，2020）。

深入了解小麦低温抗性和适应的生理和遗传机理，分析调控基因的不同等位变异与性状的相关性，发掘携带优异抗寒基因单倍型、综合农艺性状优良的小麦种质，作为抗寒新品种培育亲本资源，是积极提高气候变化背景下小麦抗寒性的最有效途径。

（一）关键技术引进

小麦 SNP（单碱基核苷酸多态性）标记是由美国等发达国家最早开发的一种分子标记技术，是现阶段世界上培育抗寒作物的最有效的方法之一。我们引入了美国堪萨斯州立大学开发的小麦 90K SNP 芯片，并基于小麦自然群体测序数据自主研发了小麦高通量 660K 和中通量 55K SNP 芯片，通过基因型和表型关联分析，我们发现 26 个 SNP 与抗寒性显著相关，而这 26 个 SNP 全部位于春化基因 *Vrn1A*、*Vrn1B* 和

Vrn1D 基因或者基因区间，其中 *Vrn1A* 基因区间内 24 个 SNP。所分析的 510 份小麦自然群体材料中，这 24 个 SNP 共形成 7 种单倍型，其中单倍型 2（*Vrn1 - Hap2*）和单倍型 7 在 510 份材料中所占比例最高，分别有 411 份和 50 份材料携带这两种单倍型。

（二）关键技术本土化

我们调查了 2014 年北京昌平试验田小麦抗寒性，发现携带单倍型 *Vrn1 - Hap2* 的材料平均抗寒性极显著强于单倍型 7（$P<0.001$）。在所有 0 级抗寒的 39 份材料中，携带 *Vrn1 - Hap2* 的材料 38 份；0～1 级抗寒材料 87 份，携带 *Vrn1 - Hap2* 的材料为 84 份。这些结果表明春化基因 *Vrn1* 区段单倍型 2 与抗寒性显著相关，是提高小麦低温抗性的重要基因资源。从这 122 份 *Vrn1 - Hap2* 材料中，我们筛选出 11 份抗寒材料包括 8 份国内材料（鲁麦 21、中麦 415、庆丰 1 号、石麦 15、豫麦 15、洛麦 23、冀麦 15、鲁原 301）和 3 份国外材料（Serio、Giava、Salgemma），这 11 份材料抗寒性好且综合农艺性状优良：株高较矮（64～78cm）、抽穗期适宜（4 月 27 日～5 月 4 日）、穗粒数较多（45～58 粒），在抗寒育种中可以作为亲本资源加以利用。

进一步地，我们基于抗低温显著相关单倍型 *Vrn1 - Hap2*，从 90 多份以偃展 1 号（抗寒级别 3 级）为轮回亲本的高代品系以及矮抗 58（抗寒级别 2 级）突变体中，筛选出携带 *Vrn1 - Hap2* 的高代品系 8 个，供体亲本分别为小麦地方品种白麦子和茶淀红、20 世纪早期育成品种复壮 30、我国特有的矮源大拇指矮以及法国材料 Fr81 - 12；矮抗 58 突变体 6 个。结合 2019 年北京顺义基地 8 个 1.5m^2 小区性状记载，发现这些携带 *Vrn1 - Hap2* 的材料抗寒性好（1～2 级）、植株矮（52～64cm）、抽穗期适宜（5 月 3 日左右），且平均产量比轮回亲本偃展 1 号和矮抗 58 野生型分别高 45%和 20%。

（三）关键技术应用示范

初步试验表明，采用 SNP 芯片技术对自然群体和高代品系进行全基因组扫描获得材料基因型，然后结合田间表型鉴定，是筛选抗寒小麦材料非常高效的方法。如果需要兼顾小麦株型和产量相关性状，则要根据基因型表型关联分析结果，将重要性状调控基因或者基因区段单倍型进行整合分析。该技术可以准确地针对目标育种性状锁定高代品系，极大地减少育种田间选择工作量。

小麦生长周期较长，但灾害性天气的出现具有较大的不确定性。因此培育抗寒、适应性强的小麦品种是应对冷害提高产量的根本途径。小麦是异源多倍体作物，与水稻等二倍体作物相比，具有较强的多倍体优势，其中包括抗寒、抗旱、抗病等抗性优势。利用飞速发展的小麦基因组学与基于多组学的种质资源学，筛选鉴定 A、B、D 3 个亚基因组的抗性基因位点及优异等位基因，研究直向同源基因的互作。同时利用基因组育种与快速育种技术，必将促进小麦抗寒、广适育种取得突破性进展。

利用新引进的小麦 90K SNP 芯片，进一步扩大小麦材料，并增加小麦导入系和近等基因系，在全基因组水平明确了这些材料的基因型；结合在北京顺义的抗寒性鉴定结果，发现两个与小麦抗寒显著相关的 SNP 位点，对其所属基因进行表达分析，从培育的导入系中筛选出一个抗寒性好的小麦品种（品系）中运 1 号，在宁夏参加区试，表现出优异的抗寒高产性能。

七、极端温度短期影响下害虫种群发生趋势预测技术

对气候变化与昆虫等变温动物关系的研究以往多关注平均温度升高的影响。而气候变暖同时具有长期缓慢性和短期极端性的特点。忽视自然界存在的极端高温，仅用平均温度升高的方法阐述气候变暖的影响，无法准确预测生物的发展趋势。极端高温事件与生物及生态系统发展之间的关系，已成为气候变化生物学和生态学领域的新课题。我国是气候变暖最显著的国家之一。近年来我国北方地区极端高温多次冲破气象记录，成为 50 年来最热的时期。因此，揭示极端高温事件对害虫个体和种群的短期影响，对提高气候变暖趋势下我国麦蚜预测和防治水平有重要的意义。

（一）关键技术引进

害虫世代周期较短，且对温度尤其是极端高温十分敏感，因此即便短时间的极端高温事件也会对害虫产生较为深刻的影响。以害虫的耐热性参数如临界最高温度（critical maximum temperature，CT_{max}）、最高致死温度（upper lethal temperature，*ULT*）、击倒温度/时间（knock down temperature/time，*KDT*）为指标，研究热休克（heat shock）、热适应（heat dardening）等极端高温在数分钟、小时至数天等不同时间尺度上对害虫耐热性指标的影响，是评估极端高温事件对害虫存活、发育、繁殖及种群参数的短期影响的重要方法。

（二）关键技术本地化

极端高温事件本身具有幅度、频率、持续时间、周期性及出现时间等主要特征，设计符合我国气候变化下极端高温事件发生的典型特征的模式，研究这些温度模式对害虫 CT_{max}、*ULT*、*KDT* 等指标及存活、发育、繁殖、种群参数的影响，能够明确极端高温下害虫种群在短时间内的发生趋势（Ma et al.，2012；Zhang et al.，2013）。

（三）关键技术应用

麦蚜是我国麦类作物的头号害虫，揭示极端高温事件对麦蚜个体和种群的短期影

响，对提高气候变暖趋势下我国麦蚜预测和防治水平有重要意义（Zhao et al.，2014）。麦长管蚜属于高温敏感昆虫，不仅是我国农业生产上的重要害虫，也是研究气候变暖对昆虫影响很好的材料。通过分析符合自然界极端高温周期性变化的规律，开展人工模拟和田间模拟试验，同时在多个地点调查麦蚜田间种群动态，结合10余年多个地点的田间虫情数据分析，在中等时间尺度下系统研究了极端高温的幅度、频率、持续时间、周期性及出现时间等主要特征对麦长管蚜发育、存活、繁殖及内禀增长率等核心生命参数和种群适合度参数的影响。

极端高温幅度和频率增加及持续时间延长对蚜虫的发育、存活、繁殖和种群增长均有负面影响，但这种负面影响的程度取决于极端高温的周期性及出现时间，极端高温间隔期出现的频率和持续时间增加可显著减轻极端高温对蚜虫造成的负面影响（Ma et al.，2012；Ma et al.，2015）。

八、气候变化背景下害虫发生长期趋势预测技术

中国是世界上农作物病虫害最严重的国家之一，气候变化导致农业生态环境条件发生变化，尤其是地表温度增加、区域降水变化、农业结构、种植制度和种植界线变化等，已对中国农作物病虫害的发生与灾变、地理分布、危害程度等产生重大影响。农业病虫害在长期的进化过程中适应了其生活的环境条件，而气候变化通过改变环境条件给农业病虫害带来了强大的自然选择压力。农业病虫害在气候变化的选择压力下的发展如何，直接关系到我们采取何种应对措施来控制其对农业的危害。因此，气候变化与农业病虫害发展之间相互关系的研究就显得格外重要，是进一步开展农业适应气候变化技术研究的基础。农业重大病虫害应对气候变化的响应机制研究在国际上处于起步阶段，当前国际上对农业害虫应对气候变化方面的探索主要集中在短期的应激适应机制研究和长期适应进化机制研究。

（一）关键技术引进

英国气候变暖条件下害虫长期趋势预测及防控技术，通过行为生理学和生态遗传学的方法揭示重大农业病虫害对气候变化响应的机理，阐明农业害虫对短期剧烈的温度升高的行为和生理应激、适应机制，对长期温和的温度升高的遗传适应和进化机制，从根本上揭示气候变化与农业病虫害发展之间的关系，为农业适应气候变化提供理论支撑。

对于欧洲而言，气候变暖导致农业病虫草害增强，各个国家建议农场引种相应的耐热旱、抗病品种，识别、评估潜在的风险、开发出针对新的病虫害图谱的新型可持续综合杀虫剂策略，如相应的耐热旱、抗病品种及最大限度利用生物防治的方法以及

控制计划并传授给农户。现在有很多国家可提供精确的病虫害预警服务，将来会在这方面派上用场。

（二）关键技术本地化

温度既是影响害虫等变温动物种群动态的最重要的生态因子，也是气候变化下对生物产生影响的最为关键的环境因素。构建基于我国区域温度变化特征的 PBDM（physiologically based demographic model）模型，评估气候变化下我国主要农业害虫的地理分布和丰富度的变化，对制定合理的害虫控制策略至关重要。基于害虫对温度的生理响应的种群统计学 PBDM 模型，明确地结合了数学和试验生物学的特点，以预测一个物种在广阔地理区域的时间物候和数量动态。PBDM 模型能够准确预测害虫的分布和相对丰度，并将其结果用于评估温度、降水量、种间竞争和生物防治效果的影响（Ma et al.，2015）。

（三）关键技术应用

通过分析气候变暖温度变化典型特征，试验模拟了日间最高温度、夜间最低温度、昼夜温差及极端高温幅度和频率的变化对我国 3 种重要小麦害虫麦长管蚜、禾谷缢管蚜和麦二叉蚜发育、繁殖、存活、种群适合度及种间相对优势度的影响。忽略昼夜自然变温下日间最高温度的负面作用将低估温度对麦蚜发育、存活、繁殖、内禀增长率等种群适合度构成参数的不利影响，日间最高温度升高将对麦蚜产生明显的抑制作用。揭示了热天暖夜对麦长管蚜生命参数和种群适合度的独特作用，与温和日间温度下夜间变暖促进昆虫表现不同，暖天夜间变暖极大地抑制了麦长管蚜的存活、成蚜的表现和总的适合度，夜间最低温度升高进一步加大了日间高温对成虫表现的不利影响（Zhang et al.，2015）。明确了昼夜变温模式下 3 种麦蚜的表型可塑性均低于相应的恒温预测结果，昼夜温差增加对麦蚜发育、存活、繁殖、寿命及种群内禀增长率有负面影响。恒温下所得数据无法准确反映自然界昼夜温度变化对蚜虫表现的影响，在蚜虫的种群动态预测中需要考虑昼夜温度变化对生命参数的影响。阐明了全球气候变化导致的极端高温事件幅度和频率增加与 3 种麦蚜种间相对优势度和群落结构之间的关系。高温强度和频率增加可导致禾谷缢管蚜的适合度升高，导致麦长管蚜和麦二叉蚜的适合度降低。

田间模拟增温试验和田间种群系统调查证实了极端高温事件改变了麦蚜的群落结构和相对优势度（Zhang et al.，2015）。全球大尺度空间数据分析也表明，麦长管蚜和麦二叉蚜在极端高温事件频率较小的中高纬度麦区为优势种；而禾谷缢管蚜在极端高温事件发生概率较大的低纬度地区具有明显优势。在河北廊坊、河南新乡、山西临汾、湖北武汉等地区系统调查了麦蚜种群的田间动态数据，结合前期已有田间种群动态数据，提出性能优越的基于双系统协同进化的基因表达式算法，提高了麦蚜种群动态预测的准确性。构建本地气象数据库，开发了麦蚜种群动态预测预报软件，实现了利用气候情景数据对未来气候变暖下麦蚜种群动态的预测预报。以3种麦蚜为模式系统，证实了全球气候变化打破了农业害虫群落原有的平衡，改变了害虫群落物种间的相对优势度，使优势物种发生了演替。这些研究结果对提高气候变化条件下害虫预测水平，制定科学应对气候变化的害虫防治策略具有重要应用价值。

九、油棕种质的适应性评价与筛选技术

近年来，中国对食用油脂和工业油脂以及石油、生物柴油的需求日益增长，但自给率却不足40%，严重威胁到了中国的战略安全。因此，国家迫切需要寻求新的油脂产业、拓展新的能源空间。油棕被誉为世界油料之王，单产极高，生产成本较低，既可食用又可作为优质的生物柴油的廉价原料，已成为一种可再生绿色战略资源，具有广阔的开发利用前景，2004年已超过大豆成为世界第一大油料作物。中国在油棕品种选育利用方面处于劣势，迫切需要加大对油棕种质资源的收集、保护力度及对高产栽培技术的研究力度。随着全球气候的变暖，热带地区热量条件会显著提高，中国热带地区的面积会逐步扩大，因此适宜种植和发展油棕产业的面积也会随之扩大，为大力发展中国油棕产业提供了可能性，对提高中国油料市场的自给率、提升热带地区经济水平、维护国家战略安全具有重要意义。

（一）关键技术引进

哥斯达黎加目前已种植油棕3万hm^2左右，受地形及土地面积限制，其最南端约2万hm^2、中部地区约1万hm^2。全国毛棕油年产量10万t以上，主要出口墨西哥等美洲国家，加上副产品和种子出口，每年该产业收入超过1.5亿美元。老一代油棕园树龄都在25年以上，品系为厚壳种，产量低（鲜果年产量为18～22t/hm^2），生长快，25年树龄油棕的树干高都在10m以上，老棕园占总面积的55%左右。近年来，哥斯达黎加积极培育油棕新种植材料，特别是利用高海拔地区种质，再结合从美洲、非洲收集的大量优良种质，杂交培育了许多高产、高含油率、矮生、耐低温、耐旱、树冠紧凑型（可密植）、低日照需求等优良新品种，同时利用现代组培技术大量繁育无性系，积极发展了新一代油棕种植园，其鲜果产量为32～40t/hm^2。

哥斯达黎加油棕种植园以公司种植为主，小农户种植为辅。大公司每年为小农户提供化肥、种子、技术、资金，鼓励小农户发展油棕生产，并负责收购其鲜果进行加工。当前，哥斯达黎加政府正在积极出台相关政策，以快速推进本国油棕产业的发展。哥斯达黎加拥有超过200hm^2的油棕种质资源保存圃，保存有世界各地收集的

1万多份优良油棕种质，包括美洲油棕、非洲杜拉种、非洲比西夫种等。主要性状有：速生、矮生、厚壳、无壳、高含油率、大果串、大果粒、紧凑型、低日照需求、耐旱、耐低温、特殊树型（如叶片角度、小叶生长角度等）。科技人员通过严格的杂交与育种工作选育后代，并对后代进行严格的生长性状与产量观测，最终确定父本、母本材料及组合。目前生产上推广的育成品种主要性状为：高产、优质、矮生、低日照需求、耐旱、耐低温、紧凑型（密植型）等，因而深受美洲和非洲油棕种植国的喜爱。

油棕是异花授粉的植物，因此后代是严重分离的，它只有一个生长点，因此用传统的繁殖方法很难进行无性繁育。哥斯达黎加的农业服务发展育种研究中心利用油棕叶片和花粉，历经20余年成功组培出了大量的油棕无性系苗木，成苗率为60%～75%，比叶片外植体更具有优势。目前，农业服务发展育种研究中心年生产组培苗能力在2万株左右，利用花粉组培苗建立了第一代无性系油棕园，油棕树生长整齐，产量非常高，几乎每株树（植后30个月）果串数都在8串以上，多者达15串，果串平均重量都在12～15kg，果肉含油率接近60%，果串含油率25%以上，其整体产量较传统的种子苗高40%以上（曹建华等，2012）。

（二）关键技术本地化

油棕杂交育种有严格的程序。首先是选择母树，除从国外引进，还从大田中筛选，对大田中的每一株树进行连续5年的观测，其内容包括：抽叶数、高生长、叶片角度、小叶角度、小叶数、叶长、雌雄花数、果串数、果穗重、果粒重、果串重、含油率、单位数量果肉重、核仁重、核壳重、果粒大小等，建立数据信息库，将表现优良的植株初选为母树材料。其次是严格授粉，采取一系列措施保证授粉纯度，从花粉采集到雌花罩袋到授粉，都有严格的操作规程。每授一朵花，都进行编号，并建立数据信息库。生产的种子，先用于田间栽培试验，连续5年观测产量情况，检测杂交组合优势，从而最终确定父本、母本材料及组合是否优良。

形成规模化的种子生产车间，从果串到发芽种子都有严格的生产流程，具有专业的生产设备和熟练的技术工人。种子生产的关键环节是种子催芽，而种子催芽的关键技术又是种子含水量控制、温室温度控制、种子发芽后含水量控制，种子发芽后的防弯曲控制生长等。通过引入严格的催芽技术，再加上特殊的控制技术，种子发芽率都在95%以上，整个催芽过程仅需80d左右，较传统的种子催芽法更先进、有效。

油棕苗期管理尤为重要，它直接关系到今后的产量，特别是初产期产量，管理好坏可增产或减产30%以上，因此苗圃管理需要非常规范。首先是建立平整、排灌良好的苗圃，建造育苗大棚（对遮光度有严格要求）和喷灌系统。然后将经过第一次选择的、生长正常的发芽种子，直接播种于小型育苗袋，袋土为壤土：砂土=1：1。待长成1片成叶后，开始施用少量缓效氮、磷、钾、镁复合肥（每株约2～3g）。随着幼苗的生长，逐步增加光照（减少荫蔽）。待幼苗长至3～4片叶时（即播小袋后2.5～3个月），必须移至大袋，并按90cm等边三角形摆放，全光照。施缓效肥，每月3～5g。从发芽种子至大田定植，苗圃育苗历时12～15个月。种苗最多不超过15个月即必须移到大田定植，否则会严重影响油棕产量。

用筛选出的优良亲本材料组合进行杂交制种，对杂交后代F1种子育苗（幼苗期）进行选优、淘汰劣质苗。该技术是确保油棕种苗优良、大田高产高抗的关键技术之一。对种子和种苗的淘汰一般要经过4次：在种子催芽前，对畸形、干瘪、发霉、外壳破损、体型弱小的种子进行第1次淘汰，其比率约占5%；催芽后，对芽生长不正常、扭曲、根芽不呈180°、病变、弱芽等发芽种子进行第2次淘汰，其比率为10%～15%；在幼苗期（换大袋前），对生长不正常、弯曲、染病、生长弱小的苗进行第3次淘汰，其比率为10%～15%；换大袋后，在出圃前，主要是对长势弱、株形不健壮、叶片分枝角度不理想的种苗进行第4次淘汰，其比率约为5%。从种子到大田定植，种子（苗）的淘汰率高达30%～40%。严格筛选的结果，保证了大田油棕的高产、稳产。

油棕园的选择、开垦、定植都有较为严格的标准。哥斯达黎加主张有选择性地开垦油棕园，棕园坡度低于10°，并尽量保留土壤表面的覆盖物，禁止烧山，以保持水土和表层有机质，对裸露的土壤种植豆科植物进行覆盖。定植时，定植穴大小与袋土尺寸相当，尽量不破坏土壤结构。定植深度与袋土表面平高为宜，过深则影响油棕种苗的生长，最终影响产量。油棕园禁止放牧，以免造成土壤板结。对于多年生油棕园，必要时用机械进行中耕松土。采果时，用人工将果搬运至棕园内的道路边，用畜力车运送到主路的堆放点，之后由卡车直接运往加工厂。油棕园内禁止用拖拉机或卡车运送鲜果，主要是防止土壤板结。每年定期施肥，幼苗期一般4～6次，成龄棕园一般3～4次，防止地力退化。

（三）关键技术应用

由于气候变化引起的气温升高及油棕抗寒、抗旱技术提高和品质资源的提升，需要引进优良的抗寒、抗旱等油棕种质资源以筛选合适的油棕品质在中国热带地区推广种植，适应气候变化引起的气候环境，合理利用气候资源，丰富中国油棕品种资源，提升中国油棕抗性育种水平的提高。

温度是发展油棕产业的一个重要限制因子，当年均温在22℃以下时，油棕开花结果受影响，产量较低；当气温低于18℃时，油棕生长缓慢，果实发育不良；当气温低于12℃时，枝叶几乎停止生长，当气温降至5～8℃达数天时，嫩叶出现冻斑、冻块或叶缘干枯。水分是发展油棕产业的另一个重要限制因子，油棕起源于热带非洲，喜温暖湿润环境，在年降水量≥1 800 mm的地区，油棕生长良好。年降水量在1 300～1 700mm且雨水分布不均匀、有明显旱季的地区，对油棕生长有明显的影响。

对10个引进的油棕新品种抗寒力的综合评价表明，种质RYL38抗寒力最强，建议作为中国热带北缘地区主要的油棕试种品种，如果后期产量表现良好，则可作为中国引进推广品种加以利用；种质RYL31、RYL36和RYL33可以在海南、云南景洪州及广东西南地区进行试种，如果后期产量表现良好，则可作为区域性试验推广品种加以利用；种质RYL34和RYL39抗寒力中等、种质RYL32和RYL40抗寒力一般，可以在海南地区进行试种，如果后期产量表现良好，则可在海南地区进行试验推广品种小规模利用；种质RYL35抗寒力最差，不宜作为试种品种（曹建华等，2014）。

种质RYL34抗旱能力最强，建议将其作为中国热带北缘地区主要的油棕试种品种，如果后期产量表现良好，则可作为中国引进推广品种加以利用；种质RYL39、RYL38、RYL32和RYL37可以在海南、云南景洪州及广东西南地区进行试种，如果后期产量表现良好，则可作为区域性试验推广品种加以利用；种质RYL31、RYL36和RYL40抗旱能力一般，可以在海南东南部地区进行试种，如果后期产量表现良好，则可作为在海南地区进行试验推广的品种并进行小规模利用；种质RYL33和RYL35抗旱能力最差，仅适合作为局部试种品种，其后期产量情况有待观测（曹建华等，2014）。

十、气候变化决策支持系统

中国生态系统脆弱，基础设施相对落后，抗灾能力差，气候变化为中国带来了严重的挑战，怎样适应气候变化、趋利避害是当前中国面临的严峻问题。因此，开发气候变化决策支持系统是中国适应气候变化的迫切需求。

（一）关键技术引进

加拿大环境部气候变化适应与影响研究所主要从事气候变化影响与适应领域的基础和应用研究。致力于在可持续发展目标下气候变化中跨领域问题的综合研究，把气候变化影响、脆弱性、可持续性发展决策过程中使用适应对策的科学信息以及气候变化风险管理等方面结合起来。目前，研究所的研究领域主要集中在可持续发展和气候变化适应及减排间关系的综合研究。2006年，研究所与多个大学和其他合作单位联合开发了CCCSN（气候变化情景网络）系统，提供了一整套基于Web的气候变化影响和适应研究的工具集。CCCSN以情景信息为基础，通过GCM（全球气候模型）和RCM（区域气候模式）情景以及降尺度工具来支持气候变化影响和适应研究。此外，

CCCSN 也支持和提供区域气候风险便捷识别和适应评估工具，帮助管理者构建气候变化适应的决策支持系统（Decision Support System，DSS）。它为决策者提供分析气候变化问题、建立适应措施优选模型、模拟评估适应技术效果和决策过程，帮助决策者提高决策水平和质量。

气候变化情景网络 CCCSN 中提供的具体的气候变化分析工具包括：

（1）情景制图（scenarios mapping）。可以绘制选定模式（GCMs），选定 SRES 情景（A2、B2、A1B），选定变量（温度降水等）和任意时段（Baseline、2020—2100）全国或任意研究区域的分布图；从而使用户能够快速获得未来气候变化的信息。

（2）验证工具（scenarios validator）。对任一研究点上的未来温度和降水变化的模式输出情景，与观测值及 NCEP，ERA 和 UDEL 在分析结果中进行比较，评估模式对局地历史气候的模拟能力。

（3）散点分析图（scatter plot）。对任一研究点上的未来温度和降水变化的多模式输出情景结果，进行分析获得多模式的 Ensemble 平均结果（并可与其他 RCMs 输出比较），以降低单模式结果的不确定性。

（4）极端气候分析（statistical tool for extreme climate analysis，STECA）。对任一研究点上的未来极端高温、极端低温、降水极端偏多、降水极端偏少等多模式输出结果进行分析，评估不同模式下未来极端气候事件的发展变化趋势，为未来的适应气候变化决策提供支撑。

（5）适应的决策支持工具（adaptation decision support toolkit，ADST）。在模式验证、多模式情景数据输出的基础上，针对不同的情景，在未来的适应行动、适应技术的选取、适应措施的制定等方面为政府及相关机构提供决策支撑。

（二）关键技术本土化应用

中国气候变化情景网络（CCCS）包含数据下载、情景数据分析、降尺度工具、报告与出版物等模块，主要包含以下几个方面的内容：

（1）气候变化研究的最新进展。

（2）IPCC AR4 第四次评估报告结果。

（3）可下载 30 多个 GCMs 的模拟结果。

（4）可下载关于极端气候指标的模拟结果。

（5）提供中国区域内站点水平上的散点图，降尺度工具以及生物气候的分析。

（6）提供站点上的气候变化预估结果。

通过网站数据下载模块可以进行气候情景数据下载和分析。气候情景数据包括：GCM，CRCM 的每月的气候情景数据，多种气候模式（包括全球与区域模式）输出的用于构建气候情景的所有基本数据资料，以及可用作统计性降尺度工具中各输入变量的数据资料。同时，还提供可用于气候模式验证以及降尺度工具订正的数据资料，主要包括气候模式、全球气候模式（GCM）、再分析产品、统计性降尺度工具输入变量、观测资料、其他数据资料。

时间序列提供的气候变量包含逐日、逐月、逐季、逐年资料；平均值资料时间跨度是30年之内（作为基准时段以及未来时段）的平均资料，包含月平均、季平均和年平均数据资料。各时间序列以及不同时间平均跨度的气候数据资料在基准时段内（即1961—1990年）以及3个未来时段（即2011—2040年，2041—2070年，2071—2100年）内适用。对气候变化带来的效应进行有效评估，要求对当前气候形势带来的效应以及未来气候对其反馈的准确评定。因此，对当前或基准气候进行研究与对气候变化情景的研究显得同样重要。基准气候信息突出了胁迫因子与反馈因子的特征，能够对平均状况、时空变化特征与能够产生显著效应的异常事件进行描述，在当前形势下对模式进行校准与测试，能够识别可能发生事件的趋势与周期性，能够指定与未来变化相对应的形式。

IPCC报告指出，近期的30年气候标准时期应定为效应评价与适应评估的气候学基准时段。在多项研究中，1961—1990年的这一时期常被用作标准时段。原因有以下几点：反映了当今气候形势的平均状态；持续时长使之能够贯穿气候变化，包括一系列的显著异常天气；涵盖的时间段能够使所有主要气候学变量充分体现空间分布特征并适用；能为变化效应的评估提供充足高质的数据资料；与其他效应评估的基准气候有较强的一致性与可比性。然而在气候基准期选取的问题上，我们也意识到：在某种程度上选取更早的时段能够获得更好的基准期数据（例如1951—1980年或1931—1960）；在较近时期，某些地区已呈现出与温室气体相关的显著变暖趋势；若需反映超长期时间尺度下的自然气候变化，将基准期定为30年仍显得短暂。因此，应对较大时间尺度的变化效应加以考虑。通过CCSN的网页可使用该情景，即通过模式模拟1961—1990年30年间计算得到的变化场。这些情景仅适用于1961—1990年的气候观测数据，不宜将这些情景应用到其他基准期。

气候及其变化维持和发展了自然界的生物多样性。生物气候学科的开创和发展促进了气候学科的发展以及与气候相关的多学科的研究。典型的生物气候分析指标是对站点上的一些气温和湿度的指标进行分析，这些指标分别有：最低、平均、最高气温，极端最低和最高气温，阈值以上/下的极端气温，阈值温度以外的气温累加值（热期和冷期）以及在农业上使用的指标（生长度日、生长季长度），霜冻期和非霜冻期各占比例，月总降水量，实有以及潜在蒸发量，降雨日数和降雪日数，水资源盈余和缺口。CCCS网站上提供了以上的生物气候指标的历史与未来时段数据。

利用5种基本的历史气候观测要素计算得到生物气候分析所需要的5个中国参数：日最高气温（℃）、日最低气温（℃）、日总降水量（mm）、日总降雨量（mm）、日总降雪量（cm）。对于中国地区，日总降雨量和日总降雪量并没有观测值。利用每日的气温区分降雨和降雪，如果日平均气温大于或者接近0℃，那么降水被认为是降雨，否则是雪。研究中采用的历史气候数据多是1961—1990年或者1971—2000年的。前一个时段最初被应用于GCM模拟未来气候要素变化的参考时段，后一时段是最近30年的“气候平均态”。选择的站点应该具有1971—2000年的完备气候信息，不存在数据缺失的问题。如果站点的数据缺失严重，那么该点的要素值则不再计算。只有数据完整程度达到30年的80%以上的站点才列入计算之列。这大大限制了站点的个数。利用那些满足要求的站点计算月、季节以及年的各种生物气候参数。

生物气候分析发展的第2个阶段是将GCM的气候变化情景应用到历史气候之中，已获得加拿大500多个气象站点的未来的2011—2040年、2041—2070年、2071—2100年3个时段的分析结果。历史和未来的生物气候分析能为研究者提供气候变化影响的直观印象，例如，气候变化造成的平均气温和极端气温，降水总量以及降水的季节性，霜冻概率变化等。对于每一个观测站点，未来的预测值是距离站点最近的GCM网格的平均值。而非空间和时间降尺度上的结果。因此，得到的结果是大范围内的变化趋势，不是局地特有的变化趋势。而历史观测的生物气候分析指标则是各个站点各自的气候数据的分析结果。

GCM气候变化情景与1961—1990年的站点观测数据结合应用于生物气候分析上时，是将整个网格的变化值应用到处于网格点内的站点上。未来最大可能发挥气候变化情景的作用，使用的指标只包括最低、最高气温以及总降水量。这就需要对历史的观测降水量进行修正，区分哪部分是降雨，哪部分是降雪。修正的参考指标是日平均气温，以0℃为界，大于0℃为降雨，反之则为降雪。0℃的日平均气温还被用于水资源盈余和不足的雪深的计算。

历史和未来生物气候分析的指标。气温特征包括30年的最低、平均、最高气温的月平均值，以及极端最低、极端最高气温。阈值以上/下的极端气温，每月中最高气温大于特定阈值（25℃、30℃、35℃）的天数，阈值的设定是30年平均的结果；每月中最高气温大于特定阈值（0℃、−10℃、−15℃）的天数，阈值的设定是30年平均的结果。生长度日是要素偏离特定阈值以上和以下的累计偏差，阈值的选择由研究内容决定，例如能力和农业，例如18℃是空间加热和空间冷却的阈值，对于空间加热，如果平均气温低于18℃，减去阈值，之后将差值相加，对于空间冷却，对应的是平均气温大于18℃。其他的阈值还有0℃、5℃（与作物生长季有关）和10℃。这里说到的阈值都是30年平均的结果。还有累计生长季长度的分析结果，计算了玉米生长季节当中的5月11日—7月31日平均气温连续3d大于12.8℃开始到结束（8月1日—10月15日日最低气温首次小于－2℃）期间作物生长所需热量。还包括累计生长日（气温大于0℃、5℃的天数）指标。霜冻特征是指每日发生霜冻的可能性，即30年平均的日平均气温小于0℃的可能性，也就是某段时间内日最低气温小于0℃所占的比重，并对数据进行5d滑动平均。网站同样提供非霜冻期长度数据（一年中日平均气温大于0℃的天数）。30年平均的每日降水量，每月中有降雨和降雪的天数。

30年平均的月总降水量是降雨总量加上降雪的等量降水。实有和潜在蒸发由Thornthwaite水平衡方程而来（Johnstone et al.，1983）。经验公式是利用储水量的变化列方程，考虑因子包括月平均气温、总降水量、纬度（白昼长度）、土壤类型（土壤的储水能力）。在此处的分析中，每个站点的土壤的储水能力从0mm（冰面和城市环境）到210mm（黏土）不等。在不同情况下，假定的土壤都具有其最大的储水能力。水分的不足和盈余利用潜在和实有蒸发计算。缺水量是土壤水和水需要量之间差异，利用实有蒸发减去潜在蒸发得到。水盈余是土壤满足蒸发后的盈余（实有蒸发等于潜在蒸发）以及土壤的储水量达到土壤最大储水量。冰融循环即使一段时间内的日最低气温接近或达到0℃以及日最低气温小于0℃的天数。冰融循环及其对水/成冰作用的影响对环境恶化有重要的影响。累计降水量（mm）表征的是一年降水量的量级。降雪也是转化为等量的降雨。以不同的颜色给出一段时期内年平均降水量、降水量最多以及最少的年份。另外，研究区域内的每月最大或者最少降水量的累加值代表这一区域的降水量的大概范围。

第五章 作物生产适应技术体系案例

本章基于气候智慧型作物生产安徽怀远项目区与河南叶县项目区的实践，系统分析作物生产适应技术体系。首先识别安徽怀远县与河南叶县面临的关键气候变化问题，结合当地已有适应措施与引进适应技术，构建怀远县水稻应变耕作栽培技术体系、怀远县稻茬小麦应变耕作栽培技术体系、叶县小麦气候适应性技术体系、叶县玉米气候适应性技术体系；通过3年的对比试验，对安徽怀远县与河南叶县的适应技术效果进行系统评估，提出进一步完善适应技术体系的建议。

一、安徽怀远县关键气候变化问题

安徽怀远县地处淮河中游、黄淮平原南端。全县辖18个乡镇、331个行政村、2个省级经济开发区，总面积2 192km^2，常用耕地面积183万亩①，人口127万，其中农业人口109万。怀远县是全国粮食生产先进县、全国无公害蔬菜生产基地、全国生猪标准化示范县、全国绿色食品原料（小麦、大豆）标准化生产基地、全国农业产业化示范基地。主要粮食作物是小麦、水稻和玉米，常年农作物播种面积360万亩以上，其中粮食播种面积290万亩以上，总产120万t左右，商品率80%以上，白莲坡贡米、怀远石榴为中国国家地理标志产品。2014年全县农牧渔业总产值102亿元，农民人均可支配收入10 610元。

安徽怀远县位于淮河流域东南部，属亚热带湿润气候区向暖温带半湿润气候区过渡地带。1961—2014年，怀远县气温整体呈波动上升趋势，气候倾向率为每10年增加0.17℃。夏季增温幅度最小，春季增温对年增温贡献率最大，冬季和秋季次之。近50年来怀远县年降水量整体略有增加，倾向率为每10年增加1.91mm，淮河流域汛期降水实际上为东亚夏季风的产物，淮河流域降水主要集中在主汛期，主汛期平均降水量年际变率大，尤其是近10年以来降水增加趋势明显。怀远每年都有短时强降

① 亩为非法定计量单位，15亩≈667m^2。——编者注

水发生，近45年平均次数为17次，且年际变化大，存在准32年和5～8年的周期振荡（汪翔，2017）。近55年来，怀远县日照时数、相对湿度、平均风速均呈下降趋势。随着近年来降水的增加和气温的升高，怀远的气候变化呈暖湿化的发展态势（徐淑米，2018；陆桂华，2015）。

二、安徽怀远县适应技术体系框架

为减轻项目区面临的小麦播种季低温、多雨，水稻生育后期高温等恶劣天气及病虫害的不利影响，本项目通过土地平整、品种筛选、耕作栽培技术优化等手段来加强项目区作物生产对气候变化的适应性。实施内容包括：农田土壤平整、小麦密植栽培技术、浸润灌溉技术、稻田灌排系统、品种选择、旱耕旱种技术、病虫草害防治、适时收获等（表5-1）。

表5-1　怀远县水稻应变耕作栽培技术体系

技术名称	技术内容	备　注
品种选择技术	依据稻区气候条件选择通过审定的高产、抗逆品种。如针对生育期高温、大风及病虫害加剧，选用株型紧凑，根系发达，生物量适中，收获系数较高，中抗白叶枯病、纹枯病、稻瘟病、稻曲病以上，感光性较强，分蘖中等，抗倒性较强，穗型较大高产优质中熟或迟熟水稻品种	选用的水稻种子产量、抗性、品质等各项指标均经过国家或安徽省品种审定委员会审定，符合国家质量标准
激光土地平整技术	基于激光控制技术、全球定位系统（GPS）和地理信息系统（GIS）、先进机械制造技术等构建，由激光发射器、激光接收器、控制箱、液压机构、刮土铲等组成。确保激光束平面高于欲平农田内任何物体，从地块边沿四周向里平整或采用对角线等方式平整，先采用粗激光平地机（每次可挖深10～20cm，带2个铲挖运斗）先平一遍，再用精激光平地机平整	改善田面微地形条件，大幅度提高地面灌溉条件下的灌溉效率与灌水均匀度，获得显著的节水、增产、省工等效果，提高土地利用率
单季中稻适宜播期调整	麦茬中稻的适宜播种期：大苗人工栽插和钵苗机插，宜在小麦成熟收割前20d左右播种育秧，控制移栽秧龄为25～30d；毯苗机插的宜在小麦收割前10～15d播种育秧，控制移栽秧龄18～25d；直播种植，要尽量抢早播种，中熟、早熟、特早熟品种要分别控制在6月15日前、6月22日前和6月28日前播种	安徽省粳稻抽穗要求日平均气温稳定在20℃以上，籼稻为23℃以上。另外，灌浆期要求日平均气温21～28℃，其中日均温21℃左右时千粒重最高
机械播栽技术	包含机插壮秧培育与机械精确栽插两个部分。机插壮秧培育包括基于营养土（基质）的传统的毯苗（钵苗）硬盘旱育秧，以及以无土栽培技术（营养液）为核心的水卷苗育秧；机械精确栽插包括基本苗数的精确计算、栽插深度的调节以及提高栽插质量的其他配套措施	机插稻栽插采用宽行窄株距配置，毯苗机插采用30cm×11.7cm、30cm×14cm（分别为常规稻和杂交稻），钵苗摆栽为33cm×12cm、33cm×14cm、33cm×17cm（分别为常规稻、杂交稻和重穗型杂交稻），深度调节控制在2.0cm左右有利于高产所需适量穗数和较大穗型的协调形成；田间水深保持在1～3cm

（续）

技术名称	技术内容	备注
精确定量水分管理技术	包含水稻移栽期、返青活棵期、有效分蘖期、无效分蘖期及其他生育期水分管理措施。移栽插秧时留薄水层；活棵分蘖期以浅水层（2～3cm）灌溉为主；活棵后，采用浅湿交替的灌溉方式，每次灌3cm以下的薄水，待其自然落干后，露田湿润1～2d，再灌薄水，如此反复进行；无效分蘖期提早搁田；孕穗至抽穗后15d，建立浅水层；抽穗后15d至灌浆结实期，采取间歇上水	搁田时期：在达到穗数80%～90%时早脱水，提前搁田时间；拔节前采取分次适度轻搁的方法，减轻搁田程度。搁田标准：土壤板实，有裂缝，行走不陷脚；稻株叶色落黄，土壤表现白色新根
适时收割	优质稻谷应在稻谷成熟度达到90%～95%时，抢晴收获。脱粒、晾晒，使水分下降到安全存储标准（籼稻13.5%、粳稻14.0%）后进入原料仓库暂储	人工收割时，割稻后必须在田间晒3～4d，切忌长时间堆垛或在公路上打场，以免造成污染和品质下降
旱涝防灾减灾技术	包含流域综合治理、农田水利建设、水稻布局调整、抗逆品种选育、监测、预警系统建设等技术措施	通过调节播期、“弹性秧”旱育技术、适当的肥料管理等技术，避开或减轻旱涝灾害的危害
高温热害防灾减灾技术	包括水稻品种布局调整、灌深水以水调温、根外喷肥、追施粒肥、防控病虫害等技术措施	田间水层保持5～10cm，可降低田间小气候温度2～3℃；根外喷施3%过磷酸钙溶液或0.2%磷酸二氢钾溶液，外加喷施叶面营养液肥
抗秋旱促秋种调结构技术	包含适时补水促出苗、抢墒造墒秋种、小麦晚播高产技术、扩大饲用作物、耐晚播经济作物面积等技术措施	出苗后，可灌一次渗沟水，以沟水浸湿厢面为宜；对墒情不足的旱地或者水稻田可采取抗旱灌溉造墒播种措施；小麦晚播高产技术包括适当加大播量，增施肥料，增加氮肥追肥比例和次数，提高整地播种质量，温水浸种催芽技术等
低温冷害防灾减灾技术	包含选用抗寒性强的品种合理搭配、适时播种、培苗壮秧、以水调温、喷叶面保温剂及其他化学药物、肥料等技术措施	早稻播种的最低温度必须日平均气温≥12℃，播后有3个以上晴天，或采用保温育秧和工厂化育秧等方法，避开低温连阴雨；灌水后夜间株间气温比不灌水的高0.6～1.9℃
水稻机械化秧肥同步一次性施肥技术	水稻插秧机配带深施肥器，在水稻插秧的同时将肥料施于秧苗侧位土壤中。同时可以结合一次性施肥技术和同时应用树脂包膜控释肥等产品技术，使肥料养分的释放和水稻需肥规律相吻合，实现一次施肥满足水稻全生育期养分需求，实现水稻施肥机械化、轻简化和精准化	采用机械穴深施技术，机插秧的同时，肥料机械施入秧根斜下方3～5cm
秸秆还田技术	包含碎草匀铺、深埋还田、培肥机播等措施；按要求切碎或粉碎秸秆，切碎长度一般≤10cm，切碎长度合格率≥90%；同时在收割机上加装匀草装置，使秸秆能被均匀抛撒开，抛洒不均匀率应≤20%，否则人工补耙匀。选用不同机械深耕犁作业，实现土草混匀	一般翻耕深度15～20cm，有条件地区可使用大马力机械。每亩增施尿素7.5kg，以弥补秸秆在田间腐熟过程中对氮素的消耗；有条件地区可增施秸秆腐熟剂，进一步加快秸秆腐解

（续）

技术名称	技术内容	备　注
水稻病虫害绿色防控技术	包含深耕灌水灭蛹控螟、生态工程保护天敌和控制害虫技术，种子处理、秧田阻隔和带药移栽预防病虫、性信息素诱杀害虫技术，生物农药防治病虫技术，稻鸭共育治虫防病控草技术，药剂总体防治技术，直播田与移栽田除草技术等措施	以稻田生态系统和健康水稻为中心，以抗（耐）病虫品种、生态调控为基础，优先采用农艺措施、昆虫信息素、生物防治等非化学防治措施，推行种子处理及苗期病虫害预防，穗期病虫达标控害的总体防治技术，应用高效、生态友好型农药应急防治，控制水稻病虫危害

稻茬小麦主要分布在处于北亚热带向南暖温带过渡地带的淮河两岸地区，形成了温暖湿润的以稻麦两熟为主的独特的过渡性生态类型区，该区土质黏重，通透性差，有坚实的犁底层、坷垃大、湿度大、渍害重，南北方多种病虫草害频繁发生且较重，如锈病、白粉病、赤霉病、纹枯病、叶枯病等病害及红蜘蛛、黏虫等虫害和看麦娘等草害。选择抗逆、高产品种，增强作物对灾害天气的抵御力；通过播种、田间管理、收获等耕作栽培措施，应对项目区气候变化。表 5－2 为怀远县稻茬小麦应变耕作栽培技术体系。

表 5－2　怀远县稻茬小麦应变耕作栽培技术体系

技术名称	技术内容	备　注
品种选择技术	根据沿淮地区和江淮地区的土壤和气候条件，宜选用抗病（尤其是对赤霉病的综合抗性较强）、耐涝渍、抗倒伏、抗穗发芽、耐倒春寒和耐干热风、谷草比高、综合抗性好、稳产高产的小麦品种	选用的小麦种子产量、抗性、品质等各项指标均经过国家或安徽省品种审定委员会审定，符合国家质量标准
播前准备措施	整地：小麦播前免耕，要求地表平整、镇压连续，秸秆抛撒均匀；“三沟”配套：田外沟深 1～1.2m，田内竖沟间距 2～3m、深 20～30cm，横沟间距 50m、深 30～40cm，田头沟深 40cm，确保旱能灌、涝能排、渍能降；底墒充足：播前保证耕层土壤含水量达到田间最大持水量的 75%～85%；种子处理：播种前晒种 2～3d，并进行药剂拌种，建议每亩 6～10kg 麦种拌 1 包春泉拌种剂（或矮苗壮）加水 200g，并按 6%戊唑醇 FS 5mL 拌 10kg 麦种，均匀拌合，待药液吸干后播种	上茬水稻秸秆留茬高度 10～20cm，收获后的秸秆全量粉碎均匀撒于田面，秸秆粉碎应＜15cm，无明显漏切
适时播种技术	半冬性小麦品种适宜播期为 10 月 10 日—11 月 23 日，春性小麦品种适宜播期为 10 月 20 日—11 月 20 日，推荐适时播种。采用免耕施肥条播机一次性完成开沟、施肥、播种、覆盖、镇压作业	播种深度 3～4cm，行距 25cm，化肥播种深度 15cm，且与播种行间隔＞3cm
田间精细化管理	播后芽前封闭化除草；生理拔节时期对群体较大田块叶面喷施矮壮丰或矮苗壮；3 月中下旬，主茎第 1 节间基本定长第 2 节间开始伸长、高峰苗下降小分蘖消亡时重施拔节肥；及时浇水或排水	选用 50%异丙隆类可湿性粉剂（亩用有效成分 75g）或者异丙隆的复配剂，加水 50kg，于播种后至小麦出苗前用药

（续）

技术名称	技术内容	备　注
适时收割	小麦于蜡熟末期采用联合收割机进行收割，要抢晴收获，防止穗发芽	小麦秸秆留茬高度<15cm，收获后的秸秆全量粉碎均匀撒于田面，秸秆粉碎应<15cm，且无明显漏切
涝渍连阴雨应对技术	在小麦生长不同生育期遭遇连阴雨、涝渍等气候胁迫时，可以采取不同模式进行应对，包括偏迟播、烂种、零共生套播模式，偏迟播、烂种、抛肥机撒播模式，过迟播、精整地、大播量模式	
低温冷害防灾减灾技术	排水降湿，减轻渍害；科学用肥，促弱转壮；适时化除，控制杂草；精准用药，绿色防控病虫害	
病虫害防治技术	播种期实行种子包衣和药剂拌种；返青—拔节期以纹枯病等土传病害化控防治为主，兼治苗期蚜虫和麦蜘蛛；齐穗见花期应以赤霉病为主要防控对象，兼治锈病、白粉病等叶部病害和穗蚜	
化学除草技术	麦田阔叶杂草、禾本科杂草、混生杂草防除，麦田化学除草适期有秋苗期和春季返青期两个时期。在小麦3～5叶期、日均温8℃以上时，抓住冬前晴好天气及时开展化学防除	
秸秆还田机械化技术	小麦蜡熟后期或完熟期时，地块中应基本无自然落粒，小麦不倒伏、地表无积水，小麦籽粒含水率为13%～20%；增施氮肥以调节碳氮比加速秸秆腐烂；选用适宜旋耕机械及时进行旋耕埋茬还田作业；选择并调试好插秧机，根据栽培目标调节行、株距和基本苗，及时机插	

三、安徽怀远县适应技术效果

通过在项目区开展气候变化适应性种植技术示范，包括选用适应性强、抗病虫害、抗旱、耐低温、抗倒伏的稻麦品种，配套早发播种技术、抗逆耕作栽培等对应技术，以及农田基础设施与防护林网改善等，显著增强作物生产对气候变化的适应能力。

项目实施的内容为：以少免耕、覆盖、作物轮作和养分综合管理等技术为核心，在怀远项目区开展保护性农业模式集成与示范，设置水稻—小麦常规模式、水稻—小麦耕作优化模式、水稻—绿肥种植优化模式、水稻—绿肥保护性农业模式，监测不同模式的产量效应、环境效应及其经济效益，探索保护性农业模式在项目区推广的可行性。预期效果为明确保护性农业模式在项目区的适用性，提升作物系统对气候变化的适应能力，为项目区作物高产与资源高效、农田固碳减排以及农民节本增收提供技术指导与示范样本。

1. 推动树立气候智慧农业新理念

通过项目实施，发挥了种粮大户与家庭农场等农村新型经营主体的示范引领作用，改变了普通农户传统种植模式，增强了农户的环保意识，推动农户由发展产量型农业向发展质量型农业转变。

2. 探索形成一批固碳减排新技术新模式

“一户一块田”模式：项目实施期间，通过大户带动小户 10 余家，全县百亩以上大户土地面积达到 20 万亩。通过项目示范，全县进一步推进“一户一块田”改革，把农民手中零散的土地拿出来整合，重新分配，让每户村民都得到一整块大田，保守估计每年每亩节省成本 50 元以上，亩均增收 100 元以上。

综合种养模式：项目带动项目区稻虾综合种养 1 500 亩、莲藕、芡实等特色产业 4 000 亩；促进全县稻虾综合种养 3 万亩，莲藕、芡实 2 万亩。

“互联网+农业”模式：项目培育出万福鸭米、稻虾米、梨胖子等一批智慧农业产品，深受消费者喜爱。同时，带动怀远县石榴、糯米等特色产业蓬勃发展和在线化转型。通过线上线下交易，怀远县各类特色、绿色农产品实现从产地直达消费者手中，每年线上交易金额过亿。表 5 - 3 为怀远县气候智慧型作物生产项目实施效果评估。

表 5 - 3 怀远县气候智慧型作物生产项目实施效果评估

项目创新	实施效果
新理念	通过 5 年的气候智慧型农业项目的实施，项目区农户对气候智慧型农业项目推广由被动培训到主动应用，例如秸秆的综合利用、水稻直播机插秧
新模式	稻田综合种养模式；大棚西瓜（草莓）—水稻模式；马铃薯—水稻模式；绿肥—水稻模式；其他模式
新品种	万福镇刘圩村种粮大户刘景刚承包土地 800 亩，用气候智慧型农业理念，带头更换小麦品种。 适应气候变化，由项目实施前追求高产小麦品种（白皮）逐步转向稳产、高产、抗赤霉病、抗穗发芽、抗倒伏、耐渍的小麦品种（红皮）。皖麦 52（白皮）、镇麦 12（红皮）、安农 0711（白皮）
新技术	水稻机插秧同步侧深施肥技术、小麦赤霉病全程防控技术、定量灌溉技术、科学整地技术、无人机植保技术、无人机水稻直播技术、气候适应性种植技术、生态拦截等多种固碳减排新技术等
新设备	激光平整地机、大型宽幅喷药机、水稻收获粉碎旋耕机、无人机病虫害绿色防控和无人机水稻直播机、水稻抛秧机
新生态、新环境	化肥减量施用节能减排技术的示范应用；优化灌溉技术的示范应用；科学整地；合理配施化肥；气候适应性种植；生态拦截等多种固碳减排新技术

表 5 - 4 为怀远县典型适应技术措施效果评估。

表 5-4 怀远县典型适应技术措施效果评估

实施的适应技术体系	适应效果
化肥减量施用技术示范应用	通过开展精准配方平衡施肥和机械化高效施肥技术应用，减少化肥施用量和农田 N_2O 排放
农药减量施用技术示范应用	使用大型宽幅高效喷药机、无人机等精准施药技术，结合物理防治与统防统治等技术有效提高农药利用率
优化灌溉技术示范应用	使用推土机、整地机以及激光平地仪等大型农业机械实施土地平整，显著提高灌溉效率和减少灌溉用水
机械化秸秆还田与保护性耕作固碳技术示范应用	利用秸秆粉碎机、联合收割机等农业机械实现秸秆还田，减少秸秆焚烧造成的环境污染和资源浪费，增加土壤固碳和减少温室气体排放

四、河南叶县关键气候变化问题

叶县位于河南省中部偏西南，由平顶山市管辖。总土地面积 1 387km^2，全县辖 18 个乡镇（街道办事处），553 个行政村，总人口约 90 万，常年种植小麦 91 万亩，玉米 89 万亩，粮食产量 70 万 t 以上。汝河、湛河、沙河、澧河、灰河、甘江河 6 大河流穿境而过，31 座大中小型水库星罗棋布，全县水资源总量 4.92 亿 m^3，水利条件优越，为农作物提供了得天独厚的条件，是典型的粮食产区。近年来，叶县先后获得全国粮食生产先进县、河南省粮食生产先进县、全国污染源普查先进单位、全国农作物病虫害数字化植测预警建设先进单位、全国测土配方施肥示范普及创建县、国家现代农业示范区、省级园林单位、省级卫生单位等荣誉称号。项目区包括龙泉乡的权印、郭吕庄、北大营、牛杜庄、娄樊、西慕庄、仝集、铁张、大何庄、冢张、曹庄、小河王、小河郭、龙泉、贾庄、白浩庄、草场、武庄、沈庄、南大营和大湾张等 21 个行政村和叶邑镇的蔡庄、万渡口、思诚、段庄、沈湾、连湾和同心寨等 7 个行政村，共计 2 个乡镇的 28 个行政村，涉及耕地面积 5.2 万亩，项目承担乡镇的叶邑镇和龙泉乡小麦播种面积分别为 4 381hm^2 和 4 433hm^2，分别占叶县小麦播种面积的 7.9％和 8.0％，玉米播种面积分别为 4 040hm^2 和 3 529hm^2，分别占叶县玉米播种面积的 8.3％和 7.2％，是麦玉两熟制示范区。项目目标是到 2020 年实现区域内氮肥用量减少 10％，农药用量减少 30％。通过秸秆还田，保护性耕作使土地有机肥增加 5％～10％，项目区 5 年内累计实现固碳减排 6.5 万 t（二氧化碳当量）以上。

叶县处于暖温带和亚热带气候交错的边缘地区，属于暖温带大陆性季风气候，盛产小麦、烟叶等农作物。近 50 年来，叶县年平均气温上升 0.70℃，特别是 20 世纪 80 年代初期以来，平均气温上升趋势明显，1994 年至今多数年份气温偏高。气温上升以春、冬季最为明显，秋季升温较为显著；而夏季则有较明显的降温趋势。暖冬、春热、凉夏出现频率高。虽然叶县四季分明，但旱、涝、大风、暴雨、冰雹以及霜冻等多种自然灾害发生频繁。近 50 年来，叶县年总降水量略有上升，年平均降水量为 631.6～824.4 mm，暴雨日数呈增加趋势。夏、冬季降雨量表现出增多趋势，春、秋季则表现为明显减少的趋势。1961—2008 年叶县年日照时数显著减少，年平均总日照时数为 1 868～2 378h（李新，2010；李学欣，2011；李学欣，2014）。冬小麦是叶县最主要的粮食作物，但春季连阴雨天气较多，小麦病虫害较多，特别是气候性的小麦赤霉病，是造成叶县小麦产量波动的主要因素之一（白家惠，2009；刘根强，2009；李亚男，2009）。河南南部大部分麦区小麦全生育期积温每 10 年约增加 60℃；冬季增温显著，春季温度变化剧烈。小麦晚霜冻害风险增加，发生频率为两年一次；玉米花期高温。降水时空分配更加不均，极端干旱发生风险增加 38%。日照适宜度在 0.6～0.95 之间，显著下降。玉米花期阴雨寡照。

五、河南叶县适应技术体系框架

针对阴雨寡照导致的小麦生育期缩短、暖冬、倒春寒频发、干热风等问题，选择抗逆品种；针对土壤肥力下降问题，秸秆全量粉碎还田，提高土壤有机质，减少农机作业次数，减少温室气体排放；优化播期播量，减少基肥施用量，减少养分流失、提高肥料利用效率；增施硝化抑制剂，降低农田 N_2O 排放；通过水肥管理、病虫草害综合防治，保证小麦均衡生长、多成穗、穗大粒多、籽粒饱满，提高经济系数、保障高产；适时收获，避开雨季；秆全量粉碎还田，提高土壤有机碳含量。构建小麦气候适应性技术体系如表 5 - 5 所示。

表 5 - 5　小麦气候适应性技术体系

技术名称	技术要求	备　注
品种选择技术	依据麦区气候条件选择通过审定的高产、抗逆品种。如播前阴雨寡照导致小麦晚播，选择生育期较短品种；如麦播期间田间墒情较差，可选用抗旱品种；倒春寒频发的麦区，应选择抗冻、抗寒能力强的冬性、半冬性品种；如冬季为暖冬，应选择弱春性品种；如后期干热风频发，选用矮秆抗倒伏品种。可优先考虑抗赤霉病、白粉病、锈病的小麦品种	选用的小麦种子质量应符合 GB 4404.1—2008 的规定。种子纯度≥99.0%，净度≥99.0%，发芽率≥85%，水分≤13%
种子播前处理技术	小麦种子防治赤霉病选用 2%戊唑醇（立克秀）悬浮剂拌种处理；防治锈病、纹枯病等可选用 2%戊唑醇或 3%苯醚甲环唑悬浮种衣剂、2.5%咯菌腈悬浮种衣剂等，加水 0.5～1kg，拌麦种 10kg；防治蚜虫、金针虫等害虫，可用 60%吡虫啉悬浮种衣剂或用 50%二嗪磷乳油 2～4mL 拌种 1kg。多种病虫混发区，采用杀菌剂和杀虫剂各计各量混合拌种。拌后堆闷 2～3h，晾干备播	宜选用包衣种子，包衣质量应符合 GB/T 15671—2009 的要求。未包衣的种子，应在播种前选用安全高效杀虫、杀菌剂进行拌种

（续）

技术名称	技术要求	备　注
整地技术	前茬玉米收获后，秸秆全部机械化粉碎还田，均匀抛洒于地表。秸秆长度3～6cm，秸秆切碎合格率≥90%，抛撒不均匀率≤10%。 底墒要求：播前检查土壤墒情，足墒下种，缺墒浇水，过湿散墒，播前保证耕层土壤含水量达到田间持水量的75%～85%	玉米秸秆机械化直接还田执行DB37/T 1428—2009标准，秸秆粉碎还田机作业质量应符合NY/T 500—2015的要求。有条件的地区可以在播种前采用激光整地技术进行整地作业，完成土地平整工作。耕作方式采用免耕方式，作业质量符合NY/T 1411—2007的要求
播种技术	黄淮海地区小麦适宜播期在10月15日—10月30日。一般播量为10～12kg/亩，晚播可适当增加播量，每晚播一天增加0.25kg播种量，保证每亩基本苗20万～25万株，越冬期总茎蘖数70万～80万，主茎叶龄6～7叶，单株分蘖3～5个，单株次生根8条以上，分蘖缺位率低于15%	施肥、播种一次性作业。采用少免耕种肥同播一体技术，在完成前茬玉米秸秆机械化粉碎还田后，使用少免耕种肥同播机械一次完成小麦的灭茬、开沟、肥料深施、播种、覆土、镇压等作业程序。其中，开沟深度应保证沟底距原平面10cm、播种深度3cm左右，深浅应一致，镇压应密实。 基肥采用小麦专用复合肥或者缓释复合肥（应符合GB/T 23348—2009的技术要求）。复合肥施用量为40～45kg/亩（较常规少10%～20%），其中纯氮8～10kg/亩，随播种机械一次性施入时混合加入硝化抑制剂双氰胺（DCD），用量为每亩施肥料量的2.5%，搅拌均匀；如使用缓释复合肥则不需要抑制剂
田间管理技术	查苗补苗技术：小麦播种出苗后，如缺苗断垄，用浸种催芽的种子在缺苗处及时补种。 中耕除草与控旺技术：在苗期和起身拔节期，若麦田田间有少量杂草，可进行中耕除草。对群体大和旺长麦田在立冬前后午后中耕断根或镇压，控制群体的发展，或用15%的多效唑30～40g/亩进行化学控旺；弱苗麦田浅中耕提温，促生长。 水分管理技术：小麦冬前根据温度及小麦长势等情况合理施用冬前水，日平均气温为3～5℃，以日均温3℃时灌溉最佳，夜冻昼消，浇越冬水，防止气温低时灌水土壤冻结地表面结冰。春前管理在起身前后适当施肥浇水，对于群体偏大的麦田，宜在拔节中、后期保证孕穗期水分充足。另外有条件的地区可以使用喷灌或者水肥一体化装置进行灌溉或者肥料追施，提高水分和肥料利用效率。 适时追肥技术：追肥在小麦拔节期施入，施用量为尿素15～20kg/亩，施用前，混合加入硝化抑制剂双氰胺（DCD），用量为亩施肥料量的2.5%，搅拌均匀，以调控温室气体释放速率，减少温室气体排放。 病虫害防治技术：以重大病虫为主要防控对象，综合运用生物（生物防治）、农业机械（静电喷雾器等）、物理措施（灭蝇灯等），辅之以高效低毒、低残留的化学农药进行病虫害综合防治	农药使用应符合GB 4285—1989安全使用标准和GB/T 8321.8—2007农药合理使用准则（八）。小麦病虫草害应符合DB41/T 1500—2017技术规范

（续）

技术名称	技术要求	备　注
收获和秸秆处理技术	及时关注天气最新状况，抓紧农时收获，于小麦蜡熟末期采用联合收割机进行收获和秸秆粉碎，以保证下茬玉米的及早播种，减少降雨等恶劣天气导致的收割、晾晒作业难度增加，降低农机具的作业强度和频次，减少温室气体排放	
安全贮藏技术	收获后的小麦及时烘干或晾晒入库。入库的质量标准为：种子含水量≤12.5%，杂质率≤1%。同时，做好储藏库消毒、杀菌、防虫灭鼠等工作。库内禁止存放有毒、有害、有腐蚀性、发潮、有异味等物品，谷物入库后定期检测温湿度及虫鼠害等情况	

选择抗逆、高产品种，增强作物对灾害天气的抵御能力；采用免耕秸秆全量还田，促进土壤有机碳积累，减少农机作业次数，保持合理农田土壤结构，并减少农机碳排放。增加秸秆还田量，促进土壤有机碳积累；通过种肥一体精播，减少农机作业次数，保持合理农田土壤结构，降低农机碳排放；优化水肥管理、病虫草害综合防治，确保提高玉米生物量、减少 N_2O 排放，增加土壤碳固定；适时晚收，提高玉米产量。秸秆全量粉碎还田，提高土壤有机碳含量。表 5-6 为叶县玉米气候适应性技术体系。

表 5-6　叶县玉米气候适应性技术体系

技术名称	技术要求	备　注
品种选择技术	应根据当地生态生产条件与潜在气候风险，结合玉米品种特性进行科学选种，既要防止品种单一化，又要避免多乱杂。一般在生产条件较好的平原地区，宜选用郑单 958、浚单 20、浚单 26、中科 11、豫单 998 等耐密型品种；生产条件较差的丘陵地区宜选择鲁单 981、济单 7 号、中科 4 号、浚单 18、浚单 22 等大穗型品种。玉米生长季节自然灾害发生较重的地区，应以抗逆性较强的品种为主，如鲁单 981、登海 602、中科 11、豫单 998 等，或进行不同抗性高产品种合理搭配，以增强玉米的稳产性。 在保证品种抗性的基础上，尽量选择生育期时间长、光合能力强、生物量大、水肥利用效率高的品种，如豫单 132、郑单 1102 等。或者中晚熟高产紧凑型玉米品种（生育期 100～105d），如郑单 958、农大 108、鲁单 981、聊玉 18	选用的玉米种子质量应符合 GB 4404.1—2008 的规定。纯度≥99.0%，净度≥99.0%，发芽率≥85%，水分≤13%
种子播前处理技术	对未包衣的种子进行播种前晒种，提高出苗率，晒种后进行浸种（冷水浸种 10h），之后进行药剂拌种。用 40%甲基异柳磷和 2%戊唑醇分别按种子量的 0.2%拌种，防治苗期灰飞虱、蚜虫、粗缩病、黑穗病和纹枯病、地下害虫等。用 40%克霉灵 600 倍液或 70%甲基托布津 500 倍药液浸种 40min，防治苗枯病	玉米宜选用包衣种子，包衣质量应符合 GB/T 15671—2009 的要求。未包衣的种子，应在播种前选用安全高效杀虫、杀菌剂进行拌种

（续）

技术名称	技术要求	备　注
整地技术	前茬小麦收获后留茬高度为10～15cm，高度一致，若需采用高留茬覆盖，割茬高度≤20cm，秸秆切碎长度5～10cm，切碎长度合格率≥90%，抛撒不均匀率≤20%，秸秆粉碎全量还田。底墒要求：在上茬小麦收获后根据墒情及早播种	小麦秸秆机械化直接还田按照DB37/T 1427—2009标准执行。有条件的地区可以在播种前采用激光整地技术进行整地作业，完成土地平整工作。采用在小麦麦茬间直接免耕种肥一体精播的耕作方式
播种技术	采用在小麦麦茬间种肥一体精播的方式，一次性完成玉米的开沟、播种、施肥、覆土、镇压等作业。其中，开沟深度应保证沟底距原平面10cm、播种深度5cm左右，深浅应一致，镇压应密实。种子行与肥料行应间隔5cm以上。 玉米基肥可采用专用复合肥，施用量为40kg/亩左右，随播种机械一次性施入时混合加入硝化抑制剂双氰胺（DCD），用量为亩施肥料量的2.5%	播期与播量：玉米播期应安排在小麦收获后抢茬及早播种。一般每亩播种量为2～2.5kg，根据品种耐密性确定播种密度；可适当密植，密度为5 000～5 500株/亩
田间管理技术	定苗补苗：于5叶期间、定苗，去弱留壮。定苗时按密度留足苗，留壮苗、匀苗、齐苗，去病苗、弱苗、小苗、自交苗。缺苗时可就近留双株或采用带土移栽方法，确保田间密度。 中耕调土强根：在夏玉米行间进行调土强根，可有效提高玉米生物量，增加碳固定。根据土壤类型、作业目的来确定深松深度，一般深松深度30～40cm。若深松用于渍涝地排水、盐碱地排盐洗碱的，应选用40～50cm松土深度；耕层深厚、耕层内无树根、石头等硬质物质的地块应选择35～45cm的松土深度。玉米最适宜的土壤容重为1.0～1.3g/cm³。当土壤的容重超过1.4g/cm³时隔年进行深松；当土壤的容重小于1.3g/cm³时，间隔2～4年进行深松。 水分管理：玉米播种后应根据商情及时浇蒙头水；玉米在拔节期到抽雄期之间如遇干旱立即浇水，应选用节水灌溉装置或水肥一体化装置，节水增效。籽粒灌浆期间，遇干旱及时浇水，同时遇涝注意排水。 适时追肥：在玉米大喇叭口期可追施尿素20kg，与硝化抑制剂双氰胺（DCD）充分混合后使用，双氰胺用量为亩施追肥量的2.5%。以调控温室气体释放速率，减少温室气体排放。 病虫草害防治：以重大病虫为主要防控对象，草害为次要防控对象，综合运用生物（生物防治）、农业机械（静电喷雾器等）、物理措施（灭蝇灯等），辅之以高效低毒、低残留的化学农药进行病虫害综合防治	农药使用应符合GB 4285—1989安全使用标准和GB/T 8321.8—2007农药合理使用准则（八）。玉米病虫草害应符合DB41/T 697—2011技术规程
收获和秸秆处理技术	收获：待苞叶干枯、乳线消失、黑层出现时收获，确保粒重时适时晚收。 秸秆处理：收获时将秸秆直接机械化粉碎还田或免耕覆盖还田	
安全储藏技术	收获后的玉米及时烘干或晾晒入库。入库的质量标准为：种子含水量≤14%，杂质率≤1%。同时，做好储藏库消毒、杀菌、防虫灭鼠等工作。库内禁止存放有毒、有害、有腐蚀性、发潮、有异味等物品，谷物入库后定期检测温湿度及虫鼠害等情况	

加强科技创新，在叶县在本地块建设水肥一体化设施，通过设备将灌溉与施肥融为一体，将可溶性固体或液体肥料，通过可控管道系统供水、定时、定量、根据作物需肥规律进行肥料的需求设计，提高肥料养分利用效率，减少不合理的化肥投入。

表 5－7 为叶县适应气候变化技术体系创新示例。

表 5－7　叶县适应气候变化技术体系创新示例：水分一体化技术体系

核心技术	辅助技术	功　　能
物联网技术	无线监测系统及物联网数据云平台	自动监测、数据上传、数据存储等
	小气候微基站	对局部区域小气候预警作用
	土壤电导率和土壤 pH 感应探头	为精准肥力管理提供智能数据
	土壤水分和温度监测探头	为精准灌溉提供智能土壤墒情数据
	叶面温度和湿度传感器	为作物病虫害、热害、冷害等提供智能数据

六、河南叶县适应技术效果

建立气候智慧型作物生产体系，通过优化品种、化肥深施、保护性耕作、统防统治等适应性措施，提升农业生产对气候变化的适应能力，提高化肥、农药、灌溉水等投入品的利用效率和农机作业效率，减少生产系统碳排放，增加农田土壤碳储量。

表 5－8 为叶县适应技术措施效果评估。

表 5－8　叶县适应技术措施效果评估

实施的适应技术体系	适应效果
固碳减排新材料筛选研究与示范 共设计 5 种新材料与肥料组合： （1）普通尿素对照（U） （2）尿素＋脲酶抑制剂（U＋HQ） （3）尿素＋硝化抑制剂（U＋DCD） （4）尿素＋脲酶抑制剂＋硝化抑制剂（U＋HQ＋DCD） （5）包膜尿素（PCU） 技术要点： （1）使用包膜尿素替代尿素 （2）使用尿素时增施抑制剂	社会效果，生态效果，经济效果 不同的氮肥调控措施差异明显，温室气体排放强度均显著降低，其中 PCU 的作用最强，使增温潜势及排放强度分别降低了 34.68%、35.53%。产量结果显示，U＋DCD 和 PCU 措施下，小麦的产量均比 U 措施的高，分别是普通尿素处理的 1.04 倍和 1.01 倍
小麦—玉米两熟保护性耕作技术： 种肥同播深施；改深翻耕为少免耕，减少土壤扰动；改单次作业为联合作业（开沟、施肥、播种、覆土、镇压一次完成），减少碳排放；改粉碎还田为留高茬覆盖还田，保墒固碳；改化肥洒施为化肥深施，减少碳排放，提高利用率	小麦—玉米保护性耕作技术周年产量稳定 小麦—玉米保护性耕作周年产值增加（节本） 小麦—玉米保护性耕作投入小麦季减少了 1 650 元/hm^2，主要为减少农机投入 减少了温室气体排放，其中，CH_4、N_2O 和 CO_2 排放量分别比传统种植方式降低 44.03%、35.97% 和 29.04%，土壤有机质平均增加 0.2%

（续）

实施的适应技术体系	适应效果
小麦—大豆（花生）种植模式调整： 免耕小麦＋玉米（加技术参数） 免耕小麦＋大豆（加技术参数） 免耕小麦＋花生（加技术参数）	小麦—大豆、小麦—花生替代小麦—玉米模式，分别较降低温室气体增温潜势 26.78%和 9.67%；农户周年综合收益小麦—花生较小麦—玉米增加 718 元/亩
化肥减量深施减排增效技术 测土配方施肥 减量施肥：由 50kg 减少为 40kg 肥料深施：20～25cm	与常规施肥相比较，温室气体排放强度降低 33.2%，肥料利用率提高 5.3%，增产 3.07%（生态效果，经济效果）
调品种：小麦春性品种改为弱春性或半冬性品种；玉米早熟品种改中晚熟品种。 调播期：小麦播期从 10 月 8 日前后改为 10 月 15 日前后；玉米播期从抢播改为适期晚播（6 月 10 日前后）	增强项目区粮食生产适应气候变化的能力，特别是小麦抵御晚霜冻害的能力增强。2020 年项目区在 3 月下旬和 4 月上旬发生两次春季晚霜冻，项目区小麦均未受冻。 提高产量，2019 年小麦季测产，产量提高 5%（经济效果）

通过怀远、叶县的案例，可以看出通过采取一系列的措施增加作物的气候适应性，增加作物生产的适应能力。怀远、叶县典型案例研究对全国农作物适应气候变化实践具有如下启示。

（1）根据气候风险情况，设定全国适应目标。鉴于全国气候类型多样，风险复杂，适应目标应该是在极端重大气候风险发生的时候，农作物生产系统不至于崩溃；而在有利的气候条件下，开发利用气候变化带来的机遇。

（2）对于设定的目标，作出不同的适应路径选择，如在重大气候风险发生后，迅速展开生产自救活动，而应该有足够的储备物资；开发气候机遇，应该有足够的物资支撑，科学认识是开展行动的基础。

（3）增加气候适应性，以最小的经济、社会、环境代价，取得最佳效益，是我们适应工作的出发点，这里既要重视原有“草根”适应技术的集成研发，又要充分发挥高科技的作用，优化升级农业生产系统，加强预警和风险规避工作，推进法律法规保障适应工作的开展。

第六章

展望：适应技术创新与政策保障

本章对中国作物生产未来适应技术创新与政策制定提出建议。结合前文典型案例研究与适应关键技术示范，提出适应技术创新发展途径，分析适应技术创新面临的障碍以及关键事项，明确适应技术创新能力建设、体制机制建设、适应政策等方面的关键事项，通过适应技术创新推动气候智慧型农业实践的广泛开展。

一、适应技术创新发展途径

基于以上典型案例进行分析，提出未来适应技术创新发展途径（图 6-1）。

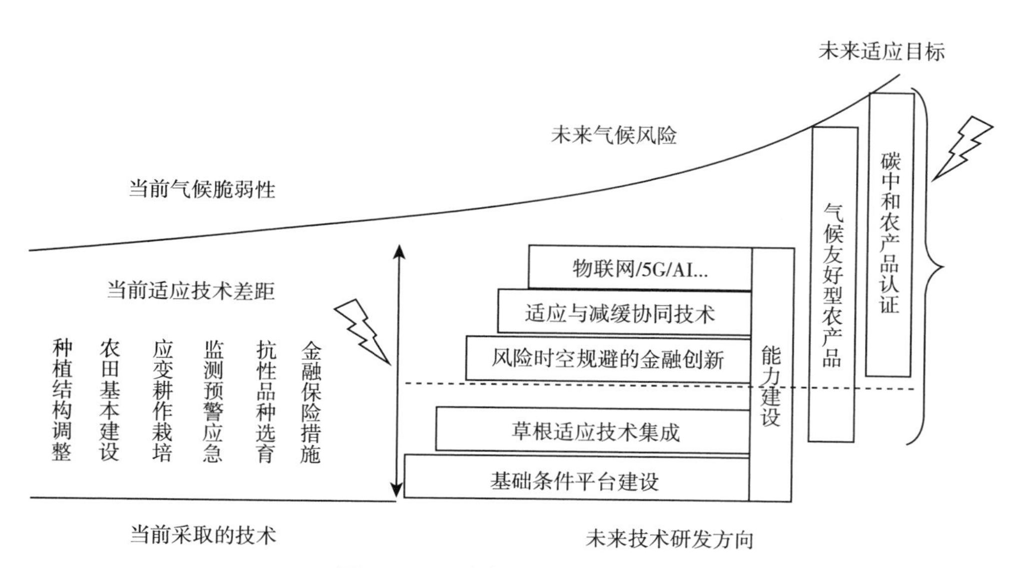

图 6-1　适应技术创新发展路径

（1）分析气候变化导致的当前农作物生产的脆弱性，这些脆弱性包括暴露于气候胁迫的程度、作物本身对于气候胁迫的敏感性以及自身的适应能力，即受到气候胁迫的时候恢复到正常状态的能力。

（2）分析未来气候的风险及其趋势，这决定了未来增强农作物的适应性要达到什么程度。

（3）分析当前农作物的气候适应性，即当前采取的适应技术的恢复力有多大、当前适应技术的效能。当前的适应技术是在农业生产的长期实践中摸索出来的，挖掘其适应潜力，在此基础上对这些"草根"技术进行集成，分析这些"草根"适应技术的潜力，为未来适应做好准备。

（4）大力开展适应技术的创新工作，将当前的新技术，如物联网技术、云计算技术、5G技术等应用到农业生产实践中，推广科技进步和科技创新提升农作物生产的适应性。

（5）大力开展能力建设，提高公众意识，创造有利于农业适应气候变化技术创新的社会环境和政策保障体系，发挥全社会的积极性。

（6）加强农业适应气候变化的管理，扩展农业适应气候变化的内涵，促进农业生产的转型升级，丰富气候智慧农业的内涵和外延，开展气候友好、低碳乃至碳中和农产品的认证，促进农产品增值、农民增收。

二、适应技术创新障碍分析与关键事项

构建适应气候变化的技术体系，首先需要明确气候变化影响的问题，然后针对这些问题采取有针对性的技术措施。在采取措施时，需要对适应技术进行筛选，开展识别、分类、优选等工作；在优选的基础上甄别关键核心技术、辅助配套技术等；在此基础上，结合生产实际和社会经济状况，编制可操作的适应技术清单，分析适应技术的潜力，确定优先开发的适应技术方向，并匹配适应技术实施的保障措施。

从以上领域和区域适应技术的总结可以发现，目前中国适应技术还比较分散，表现为：

（1）有些适应技术在实施时并不专门针对气候变化问题，在气候变化影响问题日益突出的情况下，事后总结发现这些技术具有一定的适应效果；

（2）有些适应技术是在气候变化导致严重的影响问题之后开始实施的，采取这些措施的时机是被动的，因此其效果大打折扣；

（3）目前积极主动采取的适应气候变化技术措施，所针对的气候变化影响问题较为单一，缺乏综合性与系统性；

（4）当前所采取的适应技术相对较为单一，虽然有些适应技术抓住了核心的影响问题，但缺乏配套辅助措施，导致核心关键适应技术不能充分发挥其作用；

（5）缺乏适应技术研发的长远规划，缺乏适应技术的应用推广体系；

（6）在以往的研究中，已经进行了初步的适应技术措施成本效益分析，但很不系

统，今后需要加强凝练总结，精准评估采取这些适应技术措施的社会效益、经济效益和生态效益以及对农业防灾减灾和保障粮食安全的贡献。

三、适应技术创新能力建设

尽管国内在气候变化的农业适应技术方面已经取得了很大进步，但与国外的研究相比仍存在较大差距，主要表现在：

（1）品种选育技术方面，虽然在杂交水稻、杂交谷子和抗虫棉等少数领域居国际领先水平，但总体上看目前多种作物的育种技术基本上仍是直接应用国外育种技术或利用国外品种资源，自主创新的育种新技术较少，许多新育品种优点并不突出。

（2）节水农业技术、农业管理和水分利用效率等方面与以色列等先进国家比较还需要大力加强，缺乏节水农业基础数据资料，缺少对农业用水状况的有效监测与控制，从基础到应用层面的应用基础研究还很欠缺，缺乏标准化、定量化和集成化的农业节水综合技术体系和应用模式，缺乏高效快速鉴定植物抗旱性能的方法与指标，信息化技术应用水平较低，农业节水管理的信息采集、传输的可靠性差。除西北干旱区的部分河流外，大多数地区无法按流域统一管理和配置水资源，普遍存在上中下游无序争水和掠夺性开采地下水资源的现象。

（3）病虫害防治技术方面，对于气候变化影响下有害生物发育、入侵和危害规律以及生态调控技术等方面的研究薄弱，防治技术很大程度上围绕化学农药开展。

（4）针对某一区域气候变化特点所采取的适应气候变化种植制度、栽培模式以及培肥模式等措施，无论从理论研究，还是从应对技术的成熟度来说，都还很不完善，缺乏系统性。

（5）中国设施农业发展水平相对较低，抵御自然灾害的能力较差，周年性、全天候、反季节的企业化、规模化设施农业生产还很有限。

（6）气候变化对农业影响的检测设施和智能响应系统建设与发达国家有较大差距，如作物生长和农田环境要素远程监测、土壤水分自动观测调控在发达国家的家庭农场已经普及，在中国仍停留在试验研究阶段，科研试点极少；联合国粮食及农业组织在全球提倡的气候智慧型农业，在中国只有个别地区开始了试点。

为实现适应气候变化的国家战略目标和行动方案，中国需要加强适应气候变化各方面的能力建设，并在国家政策、资金投入、人才培养、监测预警、公众素质和国际合作等方面采取切实有力的保障措施。

全面提高国家适应气候变化的科技能力，重视和加强基础研究，切实提高自主创新能力。围绕国家重大战略需求，重点开展一批农业适应气候变化领域的重大项目，集中整合优势资源建立一批学科交叉、综合集成、机制创新的国家级农业适应气候变化的研究开发基地。推动适应气候变化科技的资源共享，鼓励企业与高等院校、科研院所联合建立国家重点实验室，奠定适应气候变化技术的科研基础。

完善农作物适应气候变化的观测网络和适应技术的推广应用网络，加强数据整合和资源共享适应气候变化平台建设。重点支持适应决策工具模型的研发，编制适应气候变化的工具手册和行动指南。

举办适应气候变化研讨会和培训班，提升地方政府相关机构和人员适应气候变化方面的基础知识、研究水平和管理能力。

提高部门和区域适应气候变化的科研能力。建立适应气候变化基础数据库（如社会经济情景、气候变化情景、工具模型库），使地方能够获取数据进行区域评估。成立适应气候变化区域研究中心，逐步构建不同区域和领域的适应技术体系。

加强科技基础设施与平台的建设，为适应气候变化提供良好的支撑条件，加强在典型气候区、尤其是在气候边缘过渡区域开展适应气候变化的示范基地建设。通过综合试验基地建设，开展基础科学研究、积累试验资料、提升中国适应气候变化研究的水平。

四、适应技术创新体制机制建设

加强适应气候变化工作的统筹与协调，加强宏观管理能力，健全责任体系，大力促进各地方、各部门、各科研院所和大专院校在适应气候变化领域的协调，充分调动各方积极性，共同推进适应气候变化行动的开展和实施。扶持针对气候变化影响的适应工程和技术措施的开发，构建国家、部门和区域的适应气候变化技术体系。选择典型区域建立农业适应气候变化的示范基地和重大工程。扩大农业灾害保险试点与险种范围，探索适合国情的农业灾害保险制度，发挥科技支撑作用，特别是大力发展农业的天气指数保险，为农业生产可持续发展提供保障。

2015年全球达成的《巴黎协定》，呼吁在21世纪下半叶实现全球碳中和；在2020年9月22日举行的第75届联合国大会一般性辩论会上，习近平主席提出中国争取在2060年前实现碳中和。2019年IPCC的《气候变化与土地》特别报告中提出，农业不应是气候变化的受害者，而应该是气候变化的解决方案。通过应对气候变化的行动实践，促进农业的转型升级，如制定农业碳中和认证体系，融合适应和减缓，以零排放为目标，以增强作物生产的气候适应性为途径，实现农产品增值，将气候智慧型农业和应对气候变化的全球目标有机结合，实现机制的创新。

五、适应技术创新政策

进一步完善国家适应气候变化的政策和法规，以科学发展观为指导，坚定不移地走可持续发展道路，采取更加有力的政策措施，落实在可持续发展框架下适应气候变化的策略，完善有利于适应气候变化的相关法规，依法推进适应气候变化工作，并在国家中长期发展规划中强化适应气候变化对策。完善气候变化适应政策，全面统筹减缓、适应和可持续发展的关系，制定和完善国家适应气候变化相关的法规和政策，从资金投入、税收和信贷政策上保障适应技术的研发与推广；大力加强中国适应气候变化工作的宏观管理和政策，为建立地方应对气候变化的管理体系等提供政策保障。

鼓励各部门、各地区制订适应气候变化的战略和规划；制订部门、地区适应气候变化科技行动的实施方案；明确要求各部门和地方政府的日常工作规划中包含适应气候变化的行动。

研究制定和修订农业气候区划指标，适度调整种植北界、作物品种布局和种植制度；要研究制订并颁布农业适应气候变化行动计划，构建农业防灾减灾技术体系，编制应对各类极端天气气候事件的专项预案；及时发布农业适应技术清单，大力推广节水灌溉、旱作农业、抗旱保墒与保护性耕作等适应技术。制定鼓励适应技术推广、构建农业适应技术体系和创办气候智慧型农业的综合示范区的政策。

进行适应气候变化的立法，制定政策、法规，对涉及气候变化的政策法规进行修订；完善修订地方性与行业性法规，制定适应技术规范；建立适应行动的生态补偿机制等。

六、适应技术创新

对今后适应技术创新研发的建议：

（1）加强适应技术研发的针对性和系统性，有针对性地遴选适应技术，进行系统的识别、分类、优选，加强适应技术的集成，编制领域、区域和国家综合的适应技术清单，建立适应技术体系；

（2）加强适应机制和适应技术途径的研究，使适应技术具有明确的指向性；

（3）加强适应技术措施的成本效益分析，开展适应技术的试验示范实践；

（4）加强资金支持，针对典型的适应气候变化问题，开展关键适应技术研发；

（5）制定相应的法律法规和政策措施，保障适应措施的研发、推广和应用。

参考文献 REFERENCES

白家惠，张文松，汪可可，等，2009. 气象因子对平顶山市小麦生产的影响［J］. 现代农业科技（3）：203-204.

白蕤，李宁，张京红，等，2020. 未来气候变化背景下橡胶树南美叶疫病入侵中国的风险预测［J］. 生态学杂志，39（10）：3500-3508.

卞晓波，陈丹丹，王强盛，等，2012. 花后开放式增温对小麦产量及品质的影响［J］. 中国农业科学，45（8）：1489-1498.

曹广才，吴东兵，陈贺芹，等，2004. 温度和日照与春播小麦品质的关系［J］. 中国农业科学，37（5）：663-669.

曹建华，李静，陶忠良，等，2014. 油棕幼苗对低温胁迫的生理响应及其抗寒力评价［J］. 热带农业科学，34（8）：8-12.

曹建华，李晓波，陶忠良，等，2014. 油棕新品种对干旱胁迫的生理响应及其抗旱性评价［J］. 热带农业科学，34（7）：27-32.

曹建华，陶忠良，谢贵水，2012. 哥斯达黎加油棕产业发展现状及经验借鉴［J］. 中国热带农业（5）：32-34.

巢清尘，严中伟，孙颖，等，2020. 中国气候变化的科学新认知［J］. 中国人口·资源与环境，30（3）：1-9.

陈超，庞艳梅，张玉芳，等，2016. 四川单季稻产量对气候变化的敏感性和脆弱性研究［J］. 自然资源学报（2）：331-342.

陈浩，李正国，唐鹏钦，等，2016. 气候变化背景下东北水稻的时空分布特征［J］. 应用生态学报，27（8）：2571-2579.

陈浩，向平安，张秀英，2013. 稻作生态系统多功能性价值评估现状及分析［J］. 湖南农业科学（3）：51-55.

陈怀亮，李树岩，2020. 气候变暖背景下河南省夏玉米花期高温灾害风险预估［J］. 中国生态农业学报（中英文），28（3）：337-348.

陈辉，王记芳，1999. 1998 年度河南气候异常事件及影响［J］. 河南气象，2：25-26.

陈立亭，孙玉亭，2000. 黑龙江省气候与农业［M］. 北京：气象出版社.

陈鹏狮，马维娟，2017. 2017 年辽宁省农业气候展望及风险预估［J］. 新农业（6）：25-26.

陈曦，2015. 冬小麦霜冻害模拟方法及其与物联网融合初探［D］. 哈尔滨：东北农业大学.

陈曦，杜克明，魏湜，等，2015. 小麦霜冻害模拟模型研究进展［J］. 麦类作物学报，35（2）：285-291.

程炳岩，1995. 河南气候概论［M］. 北京：气象出版社：1-12.

崔昊，石祖梁，蔡剑，等，2011. 大气 CO_2 浓度和氮肥水平对小麦籽粒产量和品质的影响 [J]. 应用生态学报，22（4）：979－984.

崔婷茹，范志强，郭晋杰，2019. 低温胁迫对玉米种子萌发和幼苗活力的影响 [J]. 山西农业科学，47（10）：1695－1699.

代立芹，李春强，姚树然，等，2010. 气候变暖背景下河北省冬小麦冻害变化分析 [J]. 中国农业气象，31（3）：467－471.

邓振镛，王强，张强，等，2010. 中国北方气候暖干化对粮食作物的影响及应对措施 [J]. 生态学报，30（22）：62－78.

《第三次气候变化国家评估报告》编写委员会，2015. 第三次气候变化国家评估报告 [M]. 北京：科学出版社.

丁陆彬，何思源，闵庆文，2019. 农业文化遗产系统农业生物多样性评价与保护 [J]. 自然与文化遗产研究，4（11）：44－47.

杜克明，2015. 小麦生长监测物联网关键技术研究 [D]. 北京：中国农业科学院.

冯玉香，何维勋，饶敏杰，等，2000. 冬小麦拔节后霜冻害与叶温的关系 [J]. 作物学报，26（6）：707－712.

付景，孙宁宁，刘天学，等，2019. 穗期高温对玉米子粒灌浆生理及产量的影响 [J]. 作物杂志（3）：118－125.

傅小琳，2015. 气候变化对临朐玉米-小麦部分病虫害发生规律的影响 [D]. 泰安：山东农业大学.

傅秀林，尚尔春，王伟，等，2016. 水稻高产、稳产关键技术 [J]. 北方水稻，46（2）：40－42＋45.

葛君，朱培培，任德超，等，2019. 豫东地区小麦冻害的形成特点及原因解析 [J]. 园艺与种苗，39（2）：50－52，57.

龚道枝，2005. 苹果园土壤-植物-大气系统水分传输动力学机制与模拟 [D]. 杨凌：西北农林科技大学.

谷秀杰，王友贺，孔海江，2012. 2011 年春季河南久旱转暴雨的环流特征及成因分析 [J]. 气象与环境科学，35（3）：26－32.

郭建军，2016. 提高农业资源利用效率促进现代农业发展 [J]. 江西农业，23：61.

韩宇平，蒋亚茹，肖恒，2018. 河南省夏玉米生育期间主要气象灾害发生频率分析与未来预估 [J]. 中国农村水利水电（3）：148－154.

郝秀平，张振伟，马建琴，等，2013. 基于标准降水指数的河南省干旱时空演变规律分析 [J]. 水电能源科学，9：4－7.

何斌，刘志娟，杨晓光，等，2017. 气候变化背景下中国主要作物农业气象灾害时空分布特征（Ⅱ）：西北主要粮食作物干旱 [J]. 中国农业气象，38（1）：31－41.

何凡能，李柯，刘浩龙，2010. 历史时期气候变化对中国古代农业影响研究的若干进展 [J]. 地理研究，29（12）：2289－2297.

和骅芸，胡琦，潘学标，等，2020. 气候变化背景下华北平原夏玉米花期高温热害特征及适宜播期分析 [J]. 中国农业气象，41（1）：1－15.

贺伟，布仁仓，熊在平，等，2013. 1961—2005 年东北地区气温和降水变化趋势 [J]. 生态学报，33（2）：519－531.

黄成秀，孙玉莲，杨文凯，等，2013. 春季低温霜冻对玉米生育及产量的影响 [J]. 农业灾害研究，3（8）：53－56.

黄会平，曹明明，宋进喜，等，2015. 1957—2012年中国参考作物蒸散量时空变化及其影响因子分析［J］. 自然资源学报，30（2）：315－326.

黄磊，王长科，巢清尘，2020. IPCC《气候变化与土地特别报告》解读［J］. 气候变化研究进展，16（1）：1－8.

黄萌田，周佰铨，翟盘茂，2020. 极端天气气候事件变化对荒漠化、土地退化和粮食安全的影响［J］. 气候变化研究进展，16（1）：17－27.

黄亿，王靖，赫迪，等，2017. 气候变暖下西南春玉米生长季不利气象条件的时空演变［J］. 资源科学，39（9）：1753－1764.

黄志刚，肖烨，张国，等，2017. 气候变化背景下松嫩平原玉米灌溉需水量估算及预测［J］. 生态学报，37（7）：2368－2381.

黄仲冬，齐学斌，樊向阳，等，2015a. 降雨和蒸散对夏玉米灌溉需水量模型估算的影响［J］. 农业工程学报，31（5）：85－92.

黄仲冬，齐学斌，樊向阳，等，2015b. 气候变化对河南省冬小麦和夏玉米灌溉需水量的影响［J］. 灌溉排水学报，34（4）：10－13.

霍治国，李茂松，李娜，等，2012. 季节性变暖对中国农作物病虫害的影响［J］. 中国农业科学，45（11）：2168－2179.

霍治国，尚莹，邬定荣，等，2019. 中国小麦干热风灾害研究进展［J］. 应用气象学报，30（2）：129－141.

纪洪亭，2017. 拔节期和孕穗期低温胁迫对小麦产量形成影响的研究［D］. 南京：南京农业大学.

贾根锁，2020. IPCC《气候变化与土地特别报告》对陆气相互作用的新认知［J］. 气候变化研究进展，16（1）：9－16.

江敏，金之庆，石春林，等，2012. 福建省基于自适应调整的水稻生产对未来气候变化的响应［J］. 作物学报，38（12）：2246－2257.

蒋金才，季新菊，刘良，等，1996. 河南省1950—1990年水旱灾害分析［J］. 灾害学，4：69－73.

降志兵，陶洪斌，吴拓，等，2016. 高温对玉米花粉活力的影响［J］. 中国农业大学学报，21（3）：25－29.

矫梅燕，周广胜，陈振林，2014. 气候变化对中国农业影响评估报告（No. 1）［M］. 北京：社会科学文献出版社.

景立权，户少武，穆海蓉，等，2018. 大气环境变化导致水稻品质总体变劣［J］. 中国农业科学，51（13）：2462－2475.

康洪灿，孙文涛，钏兴宽，等，2017. 抗倒伏水稻品种岫粳18号的选育与应用［J］. 中国种业（2）：65－66.

李大林，2010. 气候变化对黑龙江省水稻生产可能带来的影响［J］. 黑龙江农业科学（2）：16－19.

李德，孙义，孙有丰，2015. 淮北平原夏玉米花期高温热害综合气候指标研究［J］. 中国生态农业学报，23（8）：1035－1044.

李静，2010. 宁夏“冬麦北移”工程发展现状及趋势［J］. 科技信息（31）：782.

李军营，2006. 二氧化碳浓度升高对水稻幼苗叶片生长、蔗糖转运和籽粒灌浆的影响及其机制［D］. 南京：南京农业大学.

李军营，徐长亮，谢辉，等，2006. CO_2浓度升高加快水稻灌浆前期籽粒的生长发育进程［J］. 作物学报（6）：905－910.
李克南，2014. 华北地区冬小麦—夏玉米作物生产体系产量差特征解析［D］. 北京：中国农业大学.
李克南，杨晓光，慕臣英，等，2013. 全球气候变暖对中国种植制度可能影响Ⅷ——气候变化对中国冬小麦冬春性品种种植界限的影响［J］. 中国农业科学，46（8）：1583－1594.
李阔，何霄嘉，许吟隆，等，2016. 中国适应气候变化技术分类研究［J］. 中国人口资源与环境，26（2）：18－26.
李阔，许吟隆，2015. 适应气候变化技术识别标准研究［J］. 科技导报，33（16）：95－101.
李阔，许吟隆，2018. 东北地区农业适应气候变化技术体系框架研究［J］. 科技导报，36（15）：67－76.
李森，郑昌玲，宋迎波，2018. 2017年秋收作物生长季农业气象条件评价［J］. 中国农业气象，39（3）：205－208.
李树岩，刘伟昌，2014. 基于气象关键因子的河南省夏玉米产量预报研究［J］. 干旱地区农业研究，32（5）：223－227.
李文阳，王长进，方伟，等，2017. 不同生育期高温对玉米子粒品质及淀粉糊化特性的影响［J］. 玉米科学，25（1）：82－86.
李新，陈忠民，李学欣，等，2010. 平顶山近50a气温和降水变化特征分析［J］. 气象与环境科学，33（1）：44－46.
李学欣，2014. 平顶山市气候变化对农业的影响及应对［J］. 北京农业（27）：180－181.
李学欣，李新，李戈，等，2011. 气候变化对平顶山市经济和社会发展的影响［J］. 现代农业科技（24）：309＋316.
李亚男，谢志祥，秦耀辰，2018. 近50年黄淮海平原极端降水时空变化及其对农业的影响［J］. 河南大学学报（自然科学版），48（2）：127－137.
李亚男，许孟会. 2009. 叶县2008年小麦冻害发生原因分析与防治措施［C］. 宿州：中国气象学会年会气象灾害与社会和谐分会场.
李艳，薛昌颖，刘园，等，2008. APSIM模型对冬小麦生长模拟的适应性研究［J］. 气象，34（特刊）：271－279.
李艳，薛昌颖，杨晓光，等，2009. 基于APSIM模型的灌溉降低冬小麦产量风险研究［J］. 农业工程学报，25（10）：35－44.
李祎君，王春乙，2010. 气候变化对我国农作物种植结构的影响［J］. 气候变化研究进展，6（2）：123.
李钟，郑祖平，张国清，等，2010. 四川丘陵区“芋/玉/豆”模式主要栽培技术及效益［J］. 耕作与栽培（5）：64－65.
梁银丽，徐福利，杜社妮，等，2006. 黄土高原设施农业种植制度探析［J］. 中国生态农业学报，14（2）：189－190.
梁银丽，张成娥，2000. 冠层温度-气温差与作物水分亏缺关系的研究［J］. 生态农业研究，8（1）：24－24.
梁玉莲，2015. RCPs情景下中国农业气候资源/农业气象灾害时空变化特征的预估与分析［D］. 北京：中国科学院大学.
林忠辉，莫兴国，项月琴，2003. 作物生长模型研究综述［J］. 作物学报，29（5）：750－758.

刘登伟，封志明，方玉东，2007. 京津冀都市规划圈考虑作物需水成本的农业结构调整研究［J］. 农业工程学报，23（7）：58-63，291.
刘根强，苏向阳，李亚男，等，2009. 叶县小麦赤霉病发生的适宜气象条件及防治［J］. 现代农业科技（14）：179-179.
刘晓云，李栋梁，王劲松，2012. 1961—2009年中国区域干旱状况的实况时空变化特征［J］. 中国沙漠，32（2）：473-483.
刘琰琰，张玉芳，王明田，等，2016. 四川盆地水稻不同生育期干旱频率的空间分布特征［J］. 中国农业气象，37（2）：238-244.
刘园，王颖，杨晓光，2010. 华北平原参考作物蒸散量变化特征及气候影响因素［J］. 生态学报，30（4）：923-932.
刘云慧，常虹，宇振荣，2010. 农业景观生物多样性保护一般原则探讨［J］. 生态与农村环境学报，26（6）：622-627.
刘志娟，杨晓光，王静，等，2012. APSIM玉米模型在东北地区的适应性［J］. 作物学报，38（4）：740-746.
刘志娟，杨晓光，王文峰，等，2010. 全球气候变暖对中国种植制度可能影响Ⅳ. 未来气候变暖对东北三省春玉米种植北界的可能影响［J］. 中国农业科学，43（11）：2280-2291.
陆桂华，张亚洲，肖恒，等，2015. 气候变化背景下蚌埠市暴雨与淮河上游洪水遭遇概率分析［J］. 气候变化研究进展，11（1）：31-37.
罗新兰，张彦，孙忠富，等，2011. 黄淮平原冬小麦霜冻害时空分布特点的研究［J］. 中国农学通报，27（18）：45-50.
马京津，张自银，刘洪，2011. 华北区域近50年气候态类型变化分析［J］. 中国农业气象，32（增刊）：9-14.
马润佳，2017. 我国作物主要种植区气候生产潜力及种植适宜性分析［D］. 南京：南京信息工程大学.
马尚谦，黄浩，罗鸿东，等，2019. 甘肃省霜冻日期时空变化特征及影响因素［J］. 高原气象，38（2）：397-409.
马欣，吴绍洪，李玉娥，等，2012. 未来气候变化对我国南方水稻主产区季节性干旱的影响评估［J］. 地理学报，67（11）：1451-1460.
苗建利，王晨阳，郭天财，等，2008. 高温与干旱互作对两种筋力小麦品种籽粒淀粉及其组分含量的影响［J］. 麦类作物学报，28（2）：254-259.
缪启龙，许遐祯，潘文卓，2008. 南京56年来冬季气温变化特征［J］. 应用气象学报，19（5）：620-626.
潘瑞炽，2012. 植物生理学［M］. 3版. 北京：高等教育出版社.
钱永兰，王建林，郑昌玲，等，2014. 近50年华北地区冬小麦低温灾害的时空演变特征［J］. 生态学杂志，33（12）：3245-3253.
秦雅，刘玉洁，葛全胜，2018. 气候变化背景下1981—2010年中国玉米物候变化时空分异［J］. 地理学报，73（5）：906-916.
任宗悦，刘晓静，刘家福，等，2020. 近60年东北地区春玉米旱涝趋势演变研究［J］. 中国生态农业学报（中英文），28（2）：179-190.
沈士博，张顶鹤，杨开放，等，2016. 近地层臭氧浓度增高对稻米品质的影响：FACE研究［J］. 中国生态农业学报，24（9）：1231－1238.
施龙建，文章荣，张世博，等，2018. 开花期干旱胁迫对鲜食糯玉米产量和品质的影响［J］. 作物学报，44（8）：1205－1211.
石洁，王振营，何康来，2005. 黄淮海地区夏玉米病虫害发生趋势与原因分析［J］. 植物保护，31（5）：63－65.
史永强，2004. 巴彦淖尔盟草地生态环境现状及治理对策［J］. 草原与草业，16（1）：48－51.
苏永春，勾影波，张忠恒，等，2001. 东北高寒地区土壤动物和微生物的生态特征研究［J］. 生态学报（10）：1613－1619.
孙鸿烈，曹文宣，2008. 长江上游地区生态与环境问题［M］. 北京：中国环境科学出版社.
孙苗苗，2016. 河南主推小麦品种对春季低温胁迫的生理响应及耐寒性分析［D］. 郑州：河南农业大学.
孙宁，冯利平，2005. 利用冬小麦作物生长模型对产量气候风险的评估［J］. 农业工程学报，21（2）：106－110.
谭凯炎，周广胜，任三学，等，2019. 气候变化可能不会引起我国北方冬小麦营养品质下降［J］. 气候变化研究进展，15（3）：282－289.
汤绪，杨续超，田展，等，2011. 气候变化对中国农业气候资源的影响［J］. 资源科学，33（10）：1962－1968.
田云录，陈金，邓艾兴，等，2011. 非对称性增温对冬小麦籽粒淀粉和蛋白质含量及其组分的影响［J］. 作物学报，37（2）：302－308.
汪翔，陆琴琴，田磊，等，2017. 近45年蚌埠市汛期短时强降水气候特征分析［J］. 治淮（6）：6－8.
王春光，2017. 玉米常见病虫害的识别与防治［J］. 吉林农业（23）：77－77.
王春祥，2017. 气候变暖对我国农作物病虫害的影响［J］. 种子科技，35（1）：79，83.
王春乙，白月明，温民，等，2004. CO_2 和 O_3 浓度倍增及复合效应对大豆生长和产量的影响［J］. 环境科学，25（6）：6－10.
王春乙，张雪芬，赵艳霞，2010. 农业气象灾害影响评估与风险评价［M］. 北京：气象出版社.
王东明，陶冶，朱建国，等，2019. 稻米外观与加工品质对大气 CO_2 浓度升高的响应［J］. 中国水稻科学，33（4）：338－346.
王佳，冯晓淼，芈书贞，等，2020. 模拟降雨量变化与 CO_2 浓度升高对小麦光合特性和碳氮特征的影响［J］. 水土保持研究，27（1）：328－339.
王建林，温学发，赵风华，等，2012. CO_2 浓度倍增对8种作物叶片光合作用、蒸腾作用和水分利用效率的影响［J］. 植物生态学报，36（5）：438－446.
王劲松，李忆平，任余龙，等，2013. 多种干旱监测指标在黄河流域应用的比较［J］. 自然资源学报，28（8）：1337－1349.
王静，杨晓光，吕硕，等，2012. 黑龙江省春玉米产量潜力及产量差时空分布特征［J］. 中国农业科学，45（10）：1914－1925.
王连喜，胡海玲，李琪，等，2015. 基于水分亏缺指数的陕西冬小麦干旱特征分析［J］. 干旱地区农业研究，33（5）：237－244.
王琳，郑有飞，于强，等，2007. APSIM模型对华北平原小麦-玉米连作系统的适用性［J］. 应用生态学报，18（11）：2480－2486.
王菱，谢贤群，苏文，等，2004. 中国北方地区50年来最高和最低气温变化及其影响［J］. 自然资源学报，19（3）：337－343.
王其兵，李凌浩，白永飞，等，2000. 模拟气候变化对3种草原植物群落混合凋落物分解的影响［J］. 植物生态学报，24（6）：674－679.
王士强，宋晓慧，赵海红，等，2016. 孕穗期低温胁迫对寒地水稻产量和品质的影响［J］. 农业现代化研究，37（3）：579－586.
王书裕，1995. 农作物冷害的研究［M］. 北京：气象出版社.
王晓明，王德权，王峰，等，2011. 杂交谷子在张家口市坝上地区种植试验初报［J］. 河北农业科学，15（6）：18－20＋23.
王晓煜，杨晓光，吕硕，等，2016. 全球气候变暖对中国种植制度可能影响Ⅻ. 气候变暖对黑龙江寒地水稻安全种植区域和冷害风险的影响［J］. 中国农业科学，49（10）：1859－1871.
王修兰，1995. CO_2 浓度增加对作物影响的实验研究进展［J］. 农业工程学报，11（2）：103－108.
王修兰，徐师华，李佑祥，等，1995. 环境 CO_2 浓度增加对玉米生育生理及产量的影响［J］. 农业工程学报，11（2）：109－114.
王亚梁，张玉屏，曾研华，等，2014. 水稻穗形成期高温影响的研究进展［J］. 浙江农业科学（11）：1681－1685.
王媛，方修琦，徐锬，等，2005. 气候变暖与东北地区水稻种植的适应行为［J］. 资源科学（1）：121－127.
王月福，于振文，李尚霞，等，2002. 氮素营养水平对小麦开花后碳素同化、运转和产量的影响［J］. 麦类作物学报，22（2）：55－59.
卫捷，陶诗言，张庆云，2003. Palmer干旱指数在华北干旱分析中的应用［J］. 地理学报，S1：91－99.
吴东丽，王春乙，薛红喜，等，2012. 华北地区冬小麦干旱时空分布特征［J］. 自然灾害学报，21（1）：18－25.
吴军，徐海根，陈炼，2011. 气候变化对物种影响研究综述［J］. 生态与农村环境学报（4）：1－6.
吴普特，2002. 制约我国农业高效用水发展的主导因素分析［J］. 水土保持研究（2）：1－3.
吴普特，冯浩，2005. 中国节水农业发展战略初探［J］. 农业工程学报，21（6）：152－157.
吴普特，冯浩，牛文全，等，2003. 我国北方地区节水农业技术水平及评价［J］. 灌溉排水学报（1）：26－30＋34.
吴绍洪，赵东升，2020. 中国气候变化影响风险与适应研究新进展［J］. 中国人口资源与环境，30（6）：1－9.
谢高地，肖玉，甄霖，等，2005. 我国粮食生产的生态服务价值研究［J］. 中国生态农业学报（3）：10－13.
谢立勇，马占云，韩雪，等，2009. CO_2 浓度与温度增高对水稻品质的影响［J］. 东北农业大学学报，40（3）：1－6.
谢云，James R K，2002. 国外生物生长模型发展综述［J］. 作物学报，28（3）：190－193.
熊伟，2004. 用GIS和作物模型对作物生产进行区域模拟方法［J］. 中国农业气象，25（2）：28－32.
熊伟，冯灵芝，居辉，等，2016. 未来气候变化背景下高温热害对中国水稻产量的可能影响分析［J］. 地球科学进展（5）：515－528.
熊伟，杨婕，吴文斌，等，2013. 中国水稻生产对历史气候变化的敏感性和脆弱性［J］. 生态学报（2）：198－207.

徐德应，郭泉水，阎洪，1997. 气候变化对中国森林影响研究［M］. 北京：中国科学技术出版社.
徐虹，张丽娟，赵艳霞，等，2014. 黄淮海地区夏玉米花期阴雨灾害风险区划［J］. 自然灾害学报，23（5）：263-272.
徐淑米，刘肖肖，阮金帅，等，2018. 1961—2014 年安徽怀远县气候变化分析［J］. 浙江农业科学（7）：1289-1293.
许吟隆，郑大玮，刘晓英，等，2014. 中国农业适应气候变化关键问题研究［M］. 北京：气象出版社，198.
杨飞，2009. 不同地区冬小麦生产力与品质对夜间增温的响应特征［D］. 南京：南京农业大学.
杨陶陶，解嘉鑫，黄山，等，2020. 花后增温对双季晚粳稻产量和稻米品质的影响［J］，中国农业科学，53（7）：1338-1347.
杨晓光，李勇，代姝玮，等，2011. 气候变化背景下中国农业气候资源变化Ⅸ. 中国农业气候资源时空变化特征［J］. 应用生态学报，22（12）：3177-3188.
杨晓光，刘志娟，陈阜，2011. 未来气候变化对中国种植制度北界的可能影响［J］. 中国农业科学，44（8）：1562-1570.
杨永升，张立明，崔建民，2010. 高产抗病水稻新品种原稻 108 的选育及栽培技术［J］. 中国稻米，16（1）：66-67.
姚檀栋，姚治君，2010. 青藏高原冰川退缩对河水径流的影响［J］. 自然杂志，32（1）：4-8.
姚仪敏，王小燕，陈建珍，等，2015. 灌浆期增温对小麦籽粒结实及品质的双向效应及与施氮量的关系［J］. 麦类作物学报，35（6）：860-866.
叶清，杨晓光，解文娟，等，2013. 气候变暖背景下中国南方水稻生长季可利用率变化趋势［J］. 中国农业科学，46（21）：4399-4415.
殷永元，2004. 全球气候变化评估方法及其应用［M］. 北京：高等教育出版社.
余会康，郭建平，2014. 气候变化下东北水稻冷害时空分布变化［J］. 中国生态农业学报，22（5）：594-601.
云雅如，方修琦，王丽岩，等，2007. 我国作物种植界线对气候变暖的适应性响应［J］. 作物杂志（3）：20-23.
翟盘茂，刘静，2012. 气候变暖背景下的极端天气气候事件与防灾减灾［J］. 中国工程科学，14（9）：55-63.
张朝，王品，陈一，等，2013. 1990 年以来中国小麦农业气象灾害时空变化特征［J］. 地理学报，68（11）：1453-1460.
张桂香，霍治国，杨建莹，等，2017. 江淮地区夏玉米涝渍灾害时空分布特征和风险分析［J］. 生态学杂志，36（3）：747-756.
张寄阳，孙景生，肖俊夫，等，2005. 灌水控制下限对冬小麦产量及水分利用效率的影响［J］. 中国农学通报（11）：387-391.
张建平，刘宗元，何永坤，等，2015. 西南地区水稻干旱时空分布特征［J］. 应用生态学报（10）：194-201.
张经廷，2013. 夏玉米不同施氮水平土壤硝态氮累积及对后茬冬小麦的影响［J］. 中国农业科学，46（6）：1182-1190.
张蕾，2013. 气候变化背景下农作物病虫害的变化及区域动态预警研究［D］. 北京：中国气象科学研究院.

张力，陈阜，雷永登，2019. 近60年河北省冬小麦干旱风险时空规律［J］. 作物学报，45（9）：1407-1415.

张梦婷，刘志娟，杨晓光，等，2016. 气候变化背景下中国主要作物农业气象灾害时空分布特征［Ⅰ］：东北春玉米延迟型冷害［J］. 中国农业气象，37（5）：599-610.

张强，韩兰英，张立阳，等，2014. 论气候变暖背景下干旱和干旱灾害风险特征与管理策略［J］. 地球科学进展，29（1）：80-91.

张卫星，赵致，柏光晓，等，2007. 不同基因型玉米自交系的抗旱性研究与评价［J］. 玉米科学（5）：12-17.

赵锦，杨晓光，刘志娟，等，2014. 全球气候变暖对中国种植制度的可能影响Ⅹ. 气候变化对东北三省春玉米气候适宜性的影响［J］. 中国农业科学，47（16）：3143-3156.

赵凯娜，2018. 基于作物灌溉需水量的河南省农户灌溉适应决策研究［D］. 开封：河南大学.

赵龙飞，李潮海，刘天学，等，2012. 花期前后高温对不同基因型玉米光合特性及产量和品质的影响［J］. 中国农业科学，45（23）：4947-4958.

赵秀兰，2010. 近50年中国东北地区气候变化对农业的影响［J］. 东北农业大学学报，41（9）：144-149.

郑冬晓，杨晓光，赵锦，等，2015. 气候变化背景下黄淮冬麦区冬季长寒型冻害时空变化特征［J］. 生态学报，35（13）：4338-4346.

郑家国，姜心禄，2003. 水稻超高产的突破技术——强化栽培［J］. 四川粮油科技（2）：8-9.

郑有飞，刘宏举，吴荣军，等，2010. 地表臭氧胁迫对冬小麦籽粒品质的影响研究［J］. 农业环境科学学报，29（4）：619-624.

周广胜，2015. 气候变化对中国农业生产影响研究展望［J］. 气象与环境科学，38（1）：80-94.

周立宏，宋丽瑛，王洪丽，等，2006. 扎兰屯地区近30年气象条件变化及与作物产量的关系［J］. 气象，32（8）：113-117.

周梦子，王会军，霍治国，2017. 极端高温天气对玉米产量的影响及其与大气环流和海温的关系［J］. 气候与环境研究，22（2）：134-148.

周迎平，胡正华，崔海羚，等，2013. 1971—2010年气候变化对河南省主要作物需水量的影响［J］. 南京信息工程大学学报（自然科学版），5（6）：515-521.

朱新开，刘晓成，孙陶芳，等，2010. 开放式 O_3 浓度增高对小麦籽粒蛋白的影响［J］. 应用生态学报，21（10）：2551-2557.

邹立坤，张建平，姜青珍，等，2001. 冬小麦北移种植的研究进展［J］. 中国农业气象（2）：53-56.

Asseng S，Ewert F，Martre P，et al.，2015. Rising temperatures reduce global wheat production［J］. Nature Climate Change，5：143-147.

Asseng S，Jamieson P D，Kimball B，et al.，2004. Simulated wheat growth affected by rising temperature，increased water deficit and elevated atmospheric CO_2［J］. Field Crops Research，85：85-102.

Asseng S，Keating B A，Fillery I R P，et al.，1998. Performance of the APSIM-wheat model in western Australia［J］. Field Crops Research，57：163-179.

Asseng S，Milroy S P，Poole M L，2008. Systems analysis of wheat production on low water-holding soils in a editerranean-type environment I. Yield potential and quality［J］. Field Crops Research，105：97-

106.

Bassu S, Asseng S, Motzo R, et al., 2009. Optimising sowing date of durum wheat in a variable Mediterranean environment [J]. Field Crops Research, 111: 109 - 118.

Bloomfield M T, Hunt J R, Trethowan R M, et al., 2020. Phenology and related traits for wheat adaptation [J]. Heredity, 125: 417 - 430.

Bunce J A, 2010. Direct and acclimatory responses of stomatal conductance to elevated carbon dioxide in four herbaceous crop species in the field [J]. Global Change Biology, 7 (3): 323 - 331.

Cai C, Yin X Y, He S Q, et al., 2016. Responses of wheat and rice to factorial combinations of ambient and elevated CO_2 and temperature in FACE experiments [J]. Global change biology, 22 (2): 856 - 874.

Chao C, Enli W, Qiang Y, 2010. Modeling wheat and maize productivity as affected by climate variation and irrigation supply in North China Plain [J]. Agronomy Journal, 102 (3): 1037 - 1049.

Chapman S C, Chakraborty S, Dreccer M, et al., 2012. Plant adaptation to climate change-opportunities and priorities in breeding [J]. Crop Pasture Science, 63 (3): 251 - 268.

Cockram J, Jones H, Leigh F J, et al., 2007. Control of flowering time in temperate cereals: genes, domestication, and sustainable productivity [J]. Journal of Experimental Botany, 58 (6): 1231 - 1244.

David S, 2006. Climate change and crop yields: Beyond Cassandra [J]. Science, 312: 1889 - 1890.

Feng C, Yu X, Tan H, et al., 2013. The economic feasibility of a crop-residue densification plant: A case study for the city of Jinzhou in China [J]. Renewable and Sustainable Energy Reviews, 24: 172 - 180.

Gondim R S, Castro M, Maia A, et al., 2012. Climate change impacts on irrigation water needs in the jaguaribe river basin [J]. Journal of the American Water Resources Association, 48 (2): 355 - 365.

Gregory P J, Johnson S N, Newton A C, et al., 2009. Integrating pests and pathogens into the climate change/food security debate [J]. Journal of Experimental Botany (10): 2827 - 2838.

He L, Asseng S, Zhao G, et al., 2015. Impacts of recent climate warming, cultivar changes, and crop management on winter wheat phenology across the Loess Plateau of China [J]. Agricultural and Forest Meteorology, 200 (4): 135 - 143.

Huang D P, Zhang L, Gao G, et al., 2018. Projected changes in population exposure to extreme heat in China under a RCP8.5 scenario [J]. Geogr Sci, 28: 1371 - 1384.

IPCC, 2007. Climate Change 2007: impacts, adaptation, and vulnerability [M]. Cambridge: Cambridge University Press.

IPCC, 2007. Climate Change 2007: the physical science basis. Contribution of working group I to the fourth assessment report of the Intergovernmental Panel on Climate Change [C]. Cambridge: Cambridge University Press.

IPCC, 2019. Climate change and land, 2019: an IPCC special report on climate change, desertification, land degradation, sustainable land management, food security, and greenhouse gas fluxes in terrestrial ecosystems [C]. Cambridge: Cambridge University Press.

IPCC, 2014. Climate Change 2014: impacts, adaptation, and vulnerability. Part B: regional aspects.

contribution of working group II to the fifth assessment report of the Intergovernmental Panel on Climate Change [C]. Cambridge: Cambridge Univesity Press.

Jing L, Dombinov V, Shen S, et al., 2016. Physiological and genotype-specific factors associated with grain quality changes in rice exposed to high ozone [J]. Environmental Pollution: 397-408.

Jing L, Wang Q, Shen S, et al., 2016. The impact of elevated CO_2 and temperature on grain quality of rice grown under open-air field conditions [J]. Journal of the Science of Food and Agriculture, 96 (11): 3658-3667.

Jing L, Wu Y, Zhang S, et al., 2016. Effects of CO_2 enrichment and spikelet removal on rice quality under open-air field conditions [J]. Journal of Integrative Agriculture, 15 (9): 2012-2022.

John S, Peter T, 1983. pointless topology [J]. Bulletin of the American Mathematical Society, 8 (1): 41-54.

Jolly W M, Cochrane M A, Freeborn P H, et al., 2015. Climate-induced variations in global wildfire danger from 1979 to 2013 [J]. Nature Communications, 6: 1-11.

Jones R G, Noguer M, Hassell, D C, et al., 2004. Generating high resolution climate change scenarios using PRECIS [R]. Exeter: Met Office Hadley Centre: 35.

Kaur R, Sinha K, Bhunia R K, 2019. Can wheat survive in heat? Assembling tools towards successful development of heat stress tolerance in *Triticum aestivum* [J]. Molecular Biology Reports, 46: 2577-2593.

Keating B A, Carberry P S, Hammer G L, et al., 2003. An overview of APSIM, a model designed for farming systems simulation [J]. European Journal of Agronomy, 18: 267-288.

Keenan T F, Riley W J, 2018. Greening of the land surface in the world's cold regions consistent with recent warming [J]. Nature climate change, 8 (9): 825-828.

Kenan L, Xiaoguang Y, Zhijuan L, et al., 2014. Low yield gap of winter wheat in the North China Plain [J]. European Journal of Agronomy, 59: 1-12.

Kenan L, Xiaoguang Y, Hanqin T, et al., 2016. Effects of changing climate and cultivar on the phenology and yield of winter wheat in the North China Plain [J]. International Journal of Biometeorology, 60: 21-32.

Kole C, Ebrary I, 2013. Genomics and breeding for climate-resilient crops [M]. Berlin: Springer Berlin Heidelberg: 3391-3406.

Li C, Li C Y, Zhang R, et al., 2015. Effcts of drought on the morphological and physicochemical characteristics of starch granules in different elite wheat varieties [J]. Journal of Cereal Science, 66: 66-73.

LI K, Yang X, Liu Z, et al., 2014. Low yield gap of winter wheat in the North China Plain [J]. European Journal of Agronomy, 59: 1-12.

Li K, Yang X, Tian H, et al., 2016. Effects of changing climate and cultivar on the phenology and yield of winter wheat in the North China Plain [J]. International Journal of Biometeorogy, 60: 21-32.

Li Z G, Yang P, Tang H J, et al., 2014. Response of maize phenology to climate warming in Northeast China between 1990 and 2012 [J]. Regional Environmental Change, 14 (1): 39-48.

Lin L, Wang Z L, Xu Y, et al., 2018. Additional intensification of seasonal heat and flooding extreme over China in a 2°C warmer world compared to 1.5°C [J]. Earth's Future, 6: 968-978.

Liu L L, Wang E L, Zhu Y, et al., 2012. Contrasting effects of warming and autonomous breeding on single-rice productivity in China [J]. Agr Ecosyst Environ, 149: 20 - 29.

Liu L L, Wang E L, Zhu Y, et al., 2013. Effects of warming and autonomous breeding on the phenological development and grain yield of double-rice systems in China [J]. Agriculture Ecosystems & Environment, 165: 28 - 38.

Liu Y J, Qin Y, Ge Q S, et al., 2017. Reponses and sensitivities of maize phenology to climate change from 1981 to 2009 in Henan Province, China [J]. Journal of Geographical Sciences, 27 (9): 1072 - 1084.

Liu Z, Hubbard K G, Lin X, et al., 2013. Negative effects of climate warming on maize yield are reversed by the changing of sowing date and cultivar selection in Northeast China [J]. Global Change Biology, 19 (11): 3481 - 3492.

Lu P L, Yu Q, Wang E L, et al., 2008. Effects of climatic variation and warming on rice development across South China [J]. Climate Research, 36: 79 - 88.

Lv Z, Zhu Y, Liu X, et al., 2018. Climate change impacts on regional rice production in China [J]. Climatic Change, 147: 523 - 537.

Ma G, Hoffmann A A, Ma C S, 2015. Daily temperature extremes play an important role in predicting thermal effects [J]. The Journal of Experimental Biology, 218: 2289 - 2296.

Ma G, Ma C, 2012. Climate warming may increase aphids' dropping probabilities in response to high temperatures [J]. Journal of Insect Physiology, 58 (11): 1456 - 1462.

Ma G, Ma C S, 2012. Effect of acclimation on heat-escape temperatures of two aphid species: implications for estimating behavioral response of insects to climate warming [J]. Journal of Insect Physiology, 58 (3): 303 - 309.

Ma G, Rudolf V W, Ma C S, 2015. Extreme temperature events alter demographic rates, relative fitness, and community structure [J]. Global Change Biology, 21: 1794 - 1808.

Ma X, Wu S, Li Y, et al., 2013. Rice re-cultivation in southern China: an option for enhanced climate change resilience in rice production [J]. Journal of Geographical Sciences, 23 (1): 67 - 84.

Mark T, Peter L, 2010. Breeding technologies to increase crop production in a changing world [J]. Science, 327: 818 - 822.

Mccown R L, Hammer G L, Hargreaves J N G, et al., 1996. APSIM: a novel software system for model development, model testing and simulation in agricultural systems research [J]. Agricultural Systems, 50: 255 - 271.

Naidu R, Kookana R S, Baskaran S, 1998. Pesticide dynamics in the tropical soil-plant ecosystem: Potential impacts on soil and crop quality [J]. Aciar Proc, 85: 171 - 183.

Nijs I, Ferris R, Blum H, et al., 1997. Stomatal regulation in a changing climate: a field study using Free Air Temperature Increase (FATI) and Free Air CO_2 Enrichment (FACE) [J]. Plant, Cell & Environment, 20 (8): 1041 - 1050.

Osman R, Yan Z, Wei M, et al., 2020. Comparison of wheat simulation models for impacts of extreme temperature stress on grain quality [J]. Agricultural and Forest Meteorology, 288 - 289.

Pace C D, Ricciardi L, Kumar A, et al., 2013. Genomics and Breeding for Climate-Resilient Crops

[M]. Berlin: Springer Berlin Heidelberg.

Paul M J, Pellny T K. Carbon metabolite feedback regulation of leaf photosynthesis and development [J]. Journal of Experimental Botany, 2003, 54 (382): 539 - 547.

Peake A S, Robertson M J, Bidstrup R J, 2008. Optimising maize plant population and irrigation strategies on the Darling Downs using the APSIM crop simulation model [J]. Australian Journal of Experimental Agriculture, 48: 313 - 325.

Peter J G, Scott N J, Adrian C N, 2009. Integrating pests and pathogens into the climate change/food security debate [J]. Experimental Botany, 60: 2827 - 2838.

Reddy A R, Rasineni G K, Raghavendra A S, 2010. The impact of global elevated CO_2 concentration on photosynthesis and plant productivity [J]. Current Science, 99 (1): 46 - 57.

Ren X, Shang B, Feng Z, et al., 2020. Yield and economic losses of winter wheat and rice due to ozone in the Yangtze River Delta during 2014—2019 [J]. Science of the Total Environment, 745.

Ritchie J T, Singh U, Godwin D C, et al., 1998. Cereal growth, development and yield [M]. Dordrecht: Netherlands.

Robertson M J, Carberry P S, Huth N I, et al., 2002. Simulation of growth and development of diverse legume species in APSIM [J]. Australian Journal of Agricultural Research, 53 (4): 429 - 446.

Sellers P J, Bounoua L, Collatz G J, et al., 1996. Comparison of radiative and physiological effects of doubled atmospheric CO_2 on climate [J]. Science (American Association for the Advancement of Science), 271 (5254): 1402 - 1406.

Sethi L N, Panda S N, Nayak M K, 2006. Optimal crop planning and water resources allocation in a coastal groundwater basin, Orissa, India [J]. Agricultural Water Management, 83 (3): 209 - 220.

Sheffield J, Wood E F, 2008. Projected changes in drought occurrence under future global warming from multimodel, multi-scenario, IPCC AR4 simulations [J]. Climate Dynamics, 31: 79 - 105.

Swift M J, Izac A M, Van M N, 2004. Biodiversity and ecosystem services in agricultural landscapes-are we asking the right questions [J]. Agriculture Ecosystems & Environment, 104: 113 - 134.

Tao F, Yokozawa M, Xu Y, et al., 2006. Climate changes and trends in phenology and yields of field crops in China, 1981—2000 [J]. Agricultural and Forest Meteorology, 138: 82 - 92.

Tao F, Zhang S, Zhao Z, 2012. Spatiotemporal changes of wheat phenology in China under the effects of temperature, day length and cultivar thermal characteristics [J]. European Journal of Agronomy, 43: 201 - 212.

Tao F, Zhang Z, Shi W, et al., 2013. Single rice growth period was prolonged by cultivars shifts but yield was damaged by climate change during 1981—2009 in China, and late rice was just opposite [J]. Global Change Biology, 19 (10): 3200 - 3209.

Tao F, Zhang Z, Shi W J, et al., 2013. Single rice growth period was prolonged by cultivars shifts, but yield was damaged by climate change during 1981—2009 in China, and late rice was just opposite [J]. Global Change Biology, 19 (10): 3200 - 3209.

Tao F, Zhang Z, Zhang S, et al., 2012. Response of crop yields to climate trends since 1980 in China [J]. Climate Research, 54: 233 - 247.

Teixeira E I, Fischer G, van Velthuizen H, et al., 2013. Global hot-spots of heat stress on agricultural crops due to climate change [J]. Agri Forest Meteorol, 170: 206-215.

Vieira M D, Bonilha C L, Boldrini I I, et al., 2015. The seed bank of subtropical grasslands with contrasting land-use history in southern Brazil [J]. Acta Botanica Brasilica, 29 (4): 543-552.

Wang E, Cresswell H, Paydar Z, et al., 2008. Opportunities for manipulating catchment water balance by changing vegetation type on a topographic sequence: a simulation study [J]. Hydrological Processes, 22: 736-749.

Wang E, Xu J, Smith C J, 2008. Value of historical climate knowledge, SOI based seasonal climate forecasting and stored soil moisture at sowing in crop nitrogen management in south eastern Australia [J]. Agricultural and Forest Meteorology, 148: 1743-1753.

Wang E, Yu Q, Wu D, et al., 2008. Climate, agricultural production and hydrological balance in the North China Plain [J]. International Journal of Climatology, 28 (14): 1959-1970.

Wang P, Zhang Z, Song X, et al., 2014. Temperature variations and rice yields in China: historical contributions and future trends [J]. Climatic Change, 124: 777-789.

Wang X, Ciais P, Li L, et al., 2017. Management outweighs climate change on affecting length of rice growing period for early rice and single rice in China during 1991—2012 [J]. Agricultural & Forest Meteorology, 233: 1-11.

Wang Y, Song Q, Frei M, et al., 2014. Effects of elevated ozone, carbon dioxide, and the combination of both on the grain quality of Chinese hybrid rice [J]. Environmental Pollution, 189: 9-17.

Wei X, Ian P H, Liang Z Y, et al., 2014. Impacts of observed growing-season warming trends since 1980 on crop yields in China [J]. Regional Environmental Change, 14 (1): 7-16.

Whistler F D, Acock B, Lemmon J, et al., 1986. Crop simulation models in agronomic systems [J]. Advances in Agronomy, 40: 141-208.

Wu D, Yu Q, Lu C, et al., 2006. Quantifying production potentials of winter wheat in the North China Plain [J]. European Journal of Agronomy, 24: 226-235.

Xiao D P, Moiwo J P, Tao F L, et al., 2015. Spatiotemporal variability of winter wheat phenology in response to weather and climate variability in China [J]. Mitigation & Adaptation Strategies for Global Change, 20 (7): 1191-1202.

Xiao G, Zhang Q, Yao Y, et al., 2008. Impact of recent climatic change on the yield of winter wheat at low and high altitudes in semi-arid northwestern China [J]. Agriculture Ecosystems & Environment, 127 (1-2): 37-42.

Xiao G, Zhang Q, Zhang F, et al., 2016. Warming influences the yield and water use efficiency of winter wheat in the semiarid regions of Northwest China [J]. Field Crops Research, 199: 129-135.

Xu X, William J R, Charles D K, et al., 2018. Observed and Simulated Sensitivities of Spring Greenup to Preseason Climate in Northern Temperate and Boreal Regions [J]. Journal of Geophysical Research-Biogeosciences, 123 (1): 60-78.

Xu Y, Gao X, Shen Y, et al., 2009. A daily temperature dataset over China and its application in validating a RCM simulation [J]. Advances in Atmospheric Sciences, 26 (4): 763-772.

Yang L, Wang Y, Dong G, et al., 2007. The impact of free-air CO_2 enrichment (FACE) and nitrogen supply on grain quality of rice [J]. Field Crops Research, 102 (2): 128-140.

Yang S L, Feng J M, Dong W J, et al., 2014. Analyses of extreme climate events over China based on CMIP5 historical and future simulations [J]. Advances in Atmospheric Sciences, 31 (5): 1209-1220.

Yu Y, Yao H, Wen Z, 2012. Modeling soil organic carbon change in croplands of China, 1980—2009 [J]. Global and Planetary Change, 82: 115-128.

Yujie L, Fulu T, 2013. Probabilistic Change of Wheat Productivity and Water Use in China for Global Mean Temperature Changes of 1℃, 2℃, and 3℃ [J]. 52 (1): 114-129.

Zhang L, Yang B, Li S, et al., 2018. Potential rice exposure to heat stress along the Yangtze River in China under RCP8.5 scenario [J]. Agricultural and Forest Meteorology, 248: 185-196.

Zhang L, Xu Y, Meng C, et al., 2020. Comparison of statistical and dynamic downscaling techniques in generating high-resolution temperatures in China from CMIP5 GCMs [J]. Journal of Applied Meteorology and climatology, 59 (2): 207-235.

Zhang W, Chang X Q, Hoffmann A A, et al., 2015. Impact of hot events at different developmental stages of a moth: the closer to adult stage, the less reproductive output [J]. Scientific Report, 5: 10436.

Zhang W, Zhao F, Hoffmann A A, et al., 2013. A single hot event that does not affect survival but decreases reproduction in the diamondback moth, *Plutella xylostella* [J]. PLOS One, 8 (10): e75923.

Zhang Y, Fu L, Meng C, et al., 2019. Projected changes in extreme precipitation events over China in the 21st century using PRECIS [J]. Climate Research, 79: 91-107.

Zhang W, Rudolf V H, Ma C S, 2015. Stage-specific heat effects: timing and duration of heat waves alter demographic rates of a global insect pest [J]. Physiological Ecology, 179: 947-957.

Zhao F, Zhang W, Hoffmann A A, et al., 2014. Night warming on hot days produces novel impacts on development, survival and reproduction in a small arthropod [J]. The Journal of Animal Ecology, 83 (4): 769-778.

Zhao H, Zheng Y, Wu X, 2018. Assessment of yield and economic losses for wheat and rice due to ground-level O_3 exposure in the Yangtze River Delta, China [J]. Atmospheric Environment, 191: 241-248.

Liu Z J, Yang X G, Hubbard K G, et al., 2012. Maize potential yields and yield gaps in the changing climate of Northeast China [J]. Global Change Biology, 18 (11): 3441-3454.

Zhou X, Zhou J, Wang Y, et al., 2015. Elevated tropospheric ozone increased grain protein and amino acid content of a hybrid rice without manipulation by planting density [J]. Journal of the Science of Food and Agriculture, 95 (1): 72-78.

Zhu C W, Cheng W G, Sakai H, et al., 2013. Effects of elevated [CO_2] on stem and root lodging among rice cultivars [J]. Chinese Science Bulletin, 58 (15): 1787-1794.

附录　适应技术清单

附表1　农业适应技术清单（按适应过程）

地区	气候变化介绍	适应技术措施			
		改变生境减小冲击	利用自适应能力	增强适应能力	风险规避
东北地区	温度：①1961—2012年平均气温、年平均最高气温、年平均最低气温均呈升高趋势，每10年分别升高0.31℃、0.22℃、0.35℃。②四季平均气温均呈现升高趋势，其中冬季气温增幅最大，每10年升高0.36℃，夏季气温增幅最小，每10年升高0.19℃。③东北地区增暖幅度随纬度的增加而增大，大兴安岭北部和小兴安岭地区是增温最明显的地区，增暖幅度较小的地区为辽河平原、辽东半岛和长白山南部地区。 降水：①近50年来年降水量呈弱减少趋势，每10年减少4.7mm。②降水减少主要发生在夏秋两季，夏季减少尤为明显，每10年减少4.6mm，而春季每10年增加3.4mm，冬季变化不明显。降水日数也在减少，但降水强度略有增强。③降水变化空间变异较大，辽宁南部、吉林西部和黑龙江中部降水减少，辽宁中部、吉林南部和黑龙江西部降水增加。 冷害：①近50多年来，东北各地	农业生态建设： 土壤表面被风侵蚀防控技术，农田防护林网工程，加强林业生态建设，减少水土流失。控制城市和水稻产区的地下水超采，加大农村土地整治力度，综合考虑田、水、路、林、村优化布局。加强湿地保护，完成三江平原、东部地区土地整理等重大工程，促进农村环境改善。 灌溉设施建设：雨水蓄积及节水工程改造技术，土地排水增温技术，输配水控制、田间灌排工程，大力推广农田节水技术，加强流域水资源管理，在有条件的地区修建必要的水资源配置工程。 耕作措施：土壤固碳减排新型耕作技术体系，土壤保水及扩容增库耕作技术，协同作物高效固碳的土壤耕作技术，适应作物高光效栽培的耕作技术，新型保护性耕作技术，土壤增温耕作技术，土壤保墒及热调控耕作技术，土壤保水及扩容增库耕作技术，	选用抗逆品种：适应气温升高的、耐旱、高光效、抗倒伏、抵御低温冷害、抗旱、抗热、抗极端干旱、耐涝、作物品种选用。 种质资源保护和基因库建设。 合理轮作、间套作：作物通风降温间（混、套）作技术体系，作物复种指数调控技术	培育抗逆品种和高光效品种：适应气温升高、耐旱、高光效、抗倒伏、抵御低温冷害、抗旱、抗热、抗极端干旱、耐涝、作物品种培育及种子处理技术。 抗旱抗寒锻炼、蹲苗、化控、整枝、培育壮苗、种植结构调整（包括种植制度调整、作物布局调整、品种结构与布局调整三个方面）：适应气温升高的作物栽培技术体系，关键农艺技术体系，作物节水栽培技术体系，作物需水与水资源平衡的品种布局，作物高效固碳栽培技术体系，高光效栽培技术体系，作物种植结构优化与调控技术，作物防风抗倒伏栽培技术体系，抗倒伏品种布局调控，作物抗（耐）低温冷害栽培技术体系，区域性抗冷害品种布局，作物耐极端高温的栽培模式与关键技术，推广普及节水灌溉栽培技术，作物节水抗旱栽培技术，作物抗涝栽培技术，作物防灾减灾的田间管理技术，抵御季节性冰雹、风灾作物品种布局。充分利用热量资源增加的有利条件，在统筹协调农业生产与湿地保护的基础上适度发展水稻种植，建设优质玉米、大豆种植带，着	农业保险。 监测与预警：高温、干旱、连阴、暴风、干旱、冻害、极端天气病虫害监测与预警技术

（续）

地区	气候变化介绍	适应技术措施			
		改变生境减小冲击	利用自适应能力	增强适应能力	风险规避
东北地区	冷害发生频率都比较高。20 世纪 80 年代以来由于气候变暖，北方地区作物延迟型冷害的发生程度和频率有所下降，但由于气候异常事件增多，作物生长季温度波动幅度加大，障碍型低温冷害有加重趋势。②现阶段玉米低温冷害以黑龙江省北部呼中、呼玛等县市，吉林省东部长白、抚松等县市风险最高。 干旱：①东北地区主要旱田作物是玉米、大豆和春小麦，水分敏感期是播种—出苗期、抽雄—开花授粉和灌浆期，春旱、夏旱和秋旱都容易发生。②气候变化影响下，东北地区异常气候事件明显增多，气候暖干化趋势比较明显，干旱有频繁加重趋势。 洪涝：①东北地区 7—8 月降水比较集中，特别是中部平原和东部山区汛期强降水过程比较频繁，经常发生洪涝灾害，总的趋势是东南部多，西北部少。②受气候暖干化影响，水利建设逐年加强，加之上游地区对水资源的利用加大，近些年来东北地区洪涝灾害明显减轻，对农业影响较大的主要是内涝。 霜冻害：①东北地区作物霜冻害主要发生在春秋两季，春霜冻主要发生在喜温作物的苗期和果树开花期，秋霜冻主要发生在秋收作物灌浆成熟	土地整理及小型灌区工程，新型保护性耕作技术，土壤耕层侵蚀防控技术，土壤抗逆耕作技术。 地膜覆盖。 培肥土壤：土壤结构改良技术，有机培肥与水肥精量耦合技术体系，土壤腐殖质提升与结持性保育技术，土地整理技术，作物平衡施肥技术，土壤呼吸调控技术，作物秸秆及碳化还田技术，作物氮肥高效调控技术，土壤质量提升工程，作物防风抗倒伏施肥技术，增磷补锌防霜冻营养调控技术，肥料缓控释技术，土壤腐殖质提升与结持性保育技术，以水调肥及依水施肥技术，土壤保水增蓄改良技术，肥料保持及防淋失技术，抵御逆境施肥技术，土壤表面侵蚀防控技术，沃土工程。 病虫害防治：作物高温高发病虫草害防治技术，降水量与病虫害的发生规律与防治措施，草害综合防治技术，病虫草害广谱防控技术，气传病害与迁移性害虫防治技术，利用极端低温、极端高温控制病虫草害技术，干旱条件下病虫草害防治技术，高湿条件下病虫草害防治技术		力提高单产，适度提早播种和改用生育期更长的品种，调整种植结构和品种布局	

（续）

地区	气候变化介绍	适应技术措施			
		改变生境减小冲击	利用自适应能力	增强适应能力	风险规避
东北地区	期。黑龙江省、吉林省、辽宁省西部和内蒙古东部经常遭受早霜冻危害。②近 20 年来，随着气候变暖，霜冻害并未明显减弱。一方面，种植制度、作物布局和品种布局都有明显改变，作物对热量条件的需求仍处于紧平衡状况；气候异常和气候变率增加，初终霜日的年际变化加大；近几年东北地区气候变暖趋于缓和，初霜日又有提前趋势。 病虫害：①在东北地区，蚜虫喜欢高温少雨的气象条件，玉米螟喜欢高湿和高温，而稻瘟病在低温阴雨条件下易大发生。②随着气候变化，病虫害的种类、发生时间、面积和程度都有明显的地域和年际变化				
西北地区	降水：年降水量变化存在明显的区域性，西部呈增多趋势。东部呈减少趋势，增多区与减少区的分界线与黄河走向基本平行。春季、秋季中雨及更大级别降水次数下降趋势十分明显。 温度：气温总体呈上升趋势，每 10 年上升 0.19℃。1986 年左右增温趋势出现突变，后期增温明显加快。冬季增温显著。 干旱：蒸发量加大，农业灌溉用水、生态用水及生活用水的用水量及比例亦增大，各地水资源总量基本呈	农业生态建设：丘陵区和旱塬地，坡度在 25°以上者，应退耕还林、还牧，植树种草，增加植被，减少水土流失。风蚀地区要种草植树，修筑防护林带，以利于防风固沙，涵养水源，改善生态环境。开源节流并举，合理开采地下水。加快弃耕地、盐碱地还林步伐，涵养水源。遵循宜林则林、宜草则草的原则，实施退耕还林还草工程。建立荒漠绿洲防护体系，封沙育草，保护和封育天然植被；营造护田林网，防止耕地	选用抗逆品种。 种质资源保护和基因库建设。 合理轮作、间套作；实施粮草轮作战略	培育抗逆品种和高光效品种：培育推广抗旱品种，增强作物抗霜冻能力。培育抗盐作物。通过常规育种手段或采用组织培养、转基因等新技术选育抗盐突变体，培育新的抗盐经济作物，使其适应盐碱土环境。选育抗病虫品种。 抗旱抗寒锻炼、蹲苗、化控、整枝、培育壮苗、种植结构调整（包括种植制度调整、作物布局调整、品种结构与布局调整三个方面）：种子萌发期或幼苗期进行适度干旱处理。播种前的种子锻炼用双芽法处理，即让吸水 24h 的种子在 20℃下萌发，然后风干，反复 3 次后播种。玉米、	农业保险。 监测与预警：建立现代化的监测及预警系统，利用科技手段防治沙尘暴。应用“四网一体化”的联合防雹作业体系指挥人工防雹作业

（续）

地区	气候变化介绍	适应技术措施			
		改变生境减小冲击	利用自适应能力	增强适应能力	风险规避
西北地区	减少趋势。 低温：花芽提前开放，增加了遭受春季低温、倒春寒天气危害的机会。 高温：夏季反常高温。 洪涝：灾害加重。 沙尘暴：日数减少。 病虫害：发生界线北移，发生范围、危害程度呈扩大加重趋势，增加冬季病菌的生长和存活率，农作物病虫害发生频率上升。 土壤：有机质分解加快，微生物活动发生改变，土壤养分改变	风蚀。改善农田小气候环境，防护林网可以阻止寒潮冷空气的直接入侵，减缓霜冻低温的下降幅度。 灌溉设施建设：搞好农田基本建设，改善生产条件，推广节水灌溉，推广抗旱综合技术，实施蓄水保墒战略。加强水利设施建设，加大对水利的投入，充分挖掘现有水利工程的潜力，提高蓄水能力，整治山区防洪工程，提高抗洪标准，兴修小水利。推广膜下滴灌技术，提升西北农业抗旱能力。利用水库调蓄洪水、削减洪峰，减少水库下游防洪压力和洪水灾害；修筑堤防工程；疏浚河道，清除泄洪障碍物，裁弯取直；修建梯田工程和林草整地工程；其他农业工程措施主要包括陡坡退耕还林还草，坡地梯田化，平整土地，水渠防渗等。合理灌溉，泡田洗盐。 耕作措施：坡度在25°以下的山坡地可以种麦，沿山坡等高线横向耕作，建成水平梯田。缓坡地或旱塬地，则在沿等高线翻耕时，加深加宽沟垄，并横向修筑土档，使田块形成小区，建成垄作区田，增加拦蓄雨水能力。梯田堰埂不仅要拍紧打实，而且要种草固堰，防止堰堤垮塌。		棉花、谷子等作物栽培中，采用蹲苗法，即在作物苗期给予适度缺水处理，抑制地上部生长。蔬菜移栽前拔起让其适当萎蔫一段时间后再栽，即搁苗。甘薯剪下的藤苗要放置阴凉处一段时间后再栽，即饿苗。 合理施肥：合理施用磷、钾肥，适当控制氮肥。生长延缓剂及抗蒸散剂的施用。施用CCC增加细胞保水能力，外源ABA促进气孔关闭，减少蒸散。施用塑料乳剂、高岭土、脂肪醇等降低蒸散失水。施用黄腐酸抗蒸散。节水、集水、发展旱作农业。收集保存雨水备用，采用不同根区交替灌水，以肥调水，地膜覆盖保墒。因地制宜，合理安排农作物布局。适时早播，延长农作物生长期。采用细菌和抗生素防御霜冻。根据作物受灾程度，采取不同补救措施。强化田间管理，增强作物恢复生长能力。 对于盐碱化：①用一定浓度的盐溶液处理种子，播种前先让种子吸水膨胀，然后放在适宜浓度的盐溶液中浸泡一段时间。②使用生长调节剂。促进植物生长，稀释其体内盐分。例如0.15%硫酸钠土壤中的小麦生长不良，但在播前用IAA浸种，小麦生长良好。种植耐盐绿肥（田菁），种植耐盐树种（白榆、沙枣、紫穗槐等），种植耐盐作物（向日葵、甜菜等）。 深耕；除草；调节播期，合理施肥	

（续）

地区	气候变化介绍	适应技术措施			
		改变生境减小冲击	利用自适应能力	增强适应能力	风险规避
西北地区		地膜覆盖：推广应用地膜覆盖栽培技术。 培肥土壤：梯田平整后，如耕层生土过多，可结合深耕增施有机肥，以加速土壤熟化提高地力。地段坡度大的适当分块平整，按照小平、大不平的方式，分层修成水平梯田。实施以土蓄水、以肥调水战略。增施有机肥，盐土种稻。 病虫害防治：①农业防治合理轮作和间作；深耕；除草；调节播期；合理施肥；选育抗病虫品种。②生物防治。利用寄生或捕食性昆虫以虫治虫；微生物防治；动物防治；不孕技术。③物理机械防治。利用趋光性诱杀害虫；有病虫害种子重量比健康种子轻，采用风选、水选淘汰有病虫种子，使用温水浸种，辐射灭虫等。④化学防治。化学农药有杀虫剂、杀菌剂、杀线虫剂等			
华北地区	降水：华北地区年降水量微弱下降，在4月、7月、8月下降明显，春、冬两季降水量微弱增加，但增幅小于夏、秋两季的减幅，年降水量呈西北走向递减。 温度：气温升高趋势非常明显，其平均增温率超过全国平均水平，每	农业生态建设：优化农区土地利用，分区整治盐渍化土地；统筹提高农地利用效率，改善农民居住条件。营造防护林、实行林粮间作是防御干热风的重要生物措施之一。 灌溉设施建设：加快灌区节水	选用抗逆品种：合理选择品种，兼顾抗寒性与丰产性。选用抗涝品种。推广抗耐病虫品种。 种质资源保护和基因库建设。	培育抗逆品种和高光效品种：生物抗旱，针对本地几种主栽作物生长期间易遇到的干旱气候条件，选育相应的强抗旱性品种，是抵抗干旱、使农作物高产稳产的重要措施。 调整种植结构，扩大耐旱节水作物品种种植面积，北部适当扩大小麦、玉米两茬	农业保险。 监测与预警

（续）

地区	气候变化介绍	适应技术措施			
		改变生境减小冲击	利用自适应能力	增强适应能力	风险规避
华北地区	10年增加0.32℃。增温率由南向北逐渐升高。冬春季节增温明显。作物适宜生长的北界北移明显，特别是北亚热带北界北移显著，暖温带界限在河北北部北扩明显。 干旱：水资源不足是华北地区农业生产的关键性限制因子，而气候变化在很大程度上影响和加剧了该地区水资源紧张的形式。地表径流减少、作物需水增加，农业水资源短缺问题日趋严峻，加剧水资源不稳定性与供需矛盾。 沙漠化：气候变暖、气候干旱、降水变率大、土壤砂砾含量高及疏松易于移动。 干热风：山东半岛干热风频率有所增加。 冰雹：黄淮平原东部及中西部地区容易发生冰雹。 洪涝：容易出现雨涝的地区在黄淮海的西南地区，容易出现雨涝的月份是6月和8月，近10年有趋于雨涝的趋势。 低温灾害：总体呈减少趋势，但是部分地区有加重趋势。 病虫害：随着种植结构和种植技术提高以及气候变暖，出现一些新特点	改造，完善田间灌排体系，因地制宜推广管灌、喷灌、滴灌等节水灌溉技术，充分利用雨洪、中水、微咸水等非传统水资源；提高农村居民生活节水意识，加大农村饮用水工程建设力度；控制地下水资源的过度开采；利用雨季回补地下水。管理抗旱改革现行的灌区用水管理制度，真正实现灌溉农业高效用水目标。 耕作措施：提高整地质量是保证苗齐、苗匀和培育冬前壮苗的关键。 地膜覆盖。 培肥土壤。 病虫害防治：大力推进重大病虫草鼠害的统防统治。①加强田间管理。②调整作物布局，搞好轮作倒茬，适期晚播。③搞好冬前和早春化学除草，减少传毒昆虫蚜虫和灰飞虱的栖息和繁殖场所。④冬前进行一次病虫情调查，根据发生基数和小麦品种布局，结合气候特点，做出次年小麦病虫害发生预测。⑤关键时期抓关键防治技术。药剂拌种；春季返青前后喷施药剂；穗期喷洒抗蚜威可湿性粉剂或10%吡虫啉可湿性粉剂；中蛹期防虫害	合理轮作、间套作	复种；充分利用冬春变暖，扩大节水型保护地生产。优化农业产业结构和种植结构，因地制宜地调整区域农业产业结构及种植结构。发展节水农业，提高农业水资源的利用效率。适时适量灌溉；耕作改制中合理调整作物或品种布局、掌握小麦适宜播种期、采取适当的间作套种形式，改善土壤理化性状，合理施肥等。在干热风化学防御方面，采用氯化钙、复方阿司匹林闷种或浸种；用以黄腐酸为主要成分的抗旱剂、石油助长剂、磷酸二氢钾、草木灰等化学药剂进行叶面喷洒。防御霜冻要加强田间管理。为防御越冬冻害，播后应及时查苗，疏密补稀，控制徒长。适时冬灌。抗冻锻炼。化学调控。用生长调节剂处理植物，使植物矮化，促进花芽分化。 农业措施：如适时播种、培土、增施磷钾肥、厩肥、熏烟、冬灌、盖草、地膜覆盖等。 防御洪涝要合理布局。适时早播。及时排水。水退后地面稍干时中耕撤墒，促进恢复生长。增施速效肥	

（续）

地区	气候变化介绍	适应技术措施			
		改变生境减小冲击	利用自适应能力	增强适应能力	风险规避
长江中下游地区	降水：大部分地区降水量呈增加趋势，降水减少的地方主要集中在福建北部至浙江南部的沿海区域和原来就相对干旱的湖北西北地区、湖南西南地区等。原来多雨区如湖北东南地区、湖南南部、江西北部有增加趋势。夏季降水量增加明显，雨日的平均降水量增加，暴雨日数增多，春季降水量增加。而秋冬降水减少。 温度：呈增加趋势，气温主要表现在9月—10月、1月—2月的增温，而夏季气温略有下降。 干旱：季节性干旱明显，主要集中于夏秋两季。不少地区在早稻等农作物需水期出现高温干旱。 高温：高温强度增大，时间延长。夏秋季连续高温，高温加剧干旱。 暴雨与洪涝：夏季出现过量降水，由于暴雨的突发性和集中性，洪灾季节性更加明显。加之人类活动造成的湖泊萎缩，导致的汛期长江下游干流高潮位连续偏高，持续时间偏长，加剧洪涝。 连阴雨：春季降水增加，降水强度加大，雨量集中且持续时间长，导致洪涝及内涝；持续阴雨寡照，影响作物产量与品质。 低温：冬季气候变暖缩短了早熟品种越冬期，使作物提前返青、拔节，	农业生态建设：加强长江中上游水土保持与中游退田还湖力度。积极保护环境，维持生态平衡。 灌溉设施建设：推进干支流骨干水库与堤防工程建设，加强蓄滞洪区的建设管理，减轻洪涝灾害损失。加强农田水利建设，因地制宜调整种植制度，提高抗御季节性干旱与冬春湿害的能力。修订养殖设施建设标准，加强防暑降温设施改造。加强稻田基本建设，提供良好的水利保障。增加投入，加强农田水利建设。 耕作措施。 地膜覆盖。 培肥土壤：合理施肥，提供良好的土壤肥力。 病虫害防治：加强血吸虫等疫病的防控工作。因地制宜运用农业、物理、生物、化学等综合防治措施。利用生态调控技术实现病虫害区域治理	选用抗逆品种。 种质资源保护和基因库建设。 合理轮作、间套作	培育抗逆品种和高光效品种：培育耐高温、抗高温品种。 抗旱抗寒锻炼、蹲苗、化控、整枝、培育壮苗、种植结构调整（包括种植制度调整、作物布局调整、品种结构与布局调整三个方面）：科学合理利用气候资源，趋利避害。科学的田间管理技术是减轻高温热害直接有效的措施。 水层管理：扬花期浅水勤灌、日灌夜排、适时落干；高温时白天加深水层、喷灌。 施肥管理：除施足底肥外，高温来临前根据植株长势兑水喷施以尿素、过磷酸钙等为主的叶面肥，可提高结实率和千粒重。 喷洒化学药剂。 以山区气候资源为例，首先要确定作物安全栽培地带及分布上限。在作物种植上限和安全种植区域内，可根据光、温、水资源的组合状况及热量资源保证率、气象灾害程度等，选择确定最佳种植地域或地段，选择防寒避冻地形。其次要利用山地逆温层。 冷害：①低温锻炼。露天移栽前，先降低室温或床温至10℃左右，保持1～2d，移入大田后即可抗3～5℃低温。②化学诱导。脱落酸、细胞分裂素、2,4－D、油菜素内酯等均能提高植物的抗冷性。水稻苗期，用10^{-4}mg/L的油菜素内酯浸根24h，可增强秧苗抵抗低温能力。③合理	调整播期。 空间转移：加快推进农村房屋改造和洪水灾害高风险区移民工作。 农业保险：建立保险机制，化解农业风险。 监测与预警：提高高温热害监测、预测、预警系统的服务能力，提高准确性、增强时效性，为有效采取生产技术措施提供服务。建立气象灾害综合监测预报与管理网络系统。开展农作物重大病虫草鼠害发生的遥感监测、自动识别系统、气象预警预报技术系统等动态监测预报，研究触发农作物重大病虫害发展成灾的气候背景及其耦合机制和中长期气象预测模型，提高病虫灾情预报的准确性

（续）

地区	气候变化介绍	适应技术措施			
		改变生境减小冲击	利用自适应能力	增强适应能力	风险规避
长江中下游地区	减弱植株抗旱能力，导致作物更易受冻害侵袭。 病虫害：冬季变暖有利于病虫害越冬繁殖；持续阴雨寡照促使病虫害发生流行			施肥。低温到来前，调整施肥种类，适当增施磷、钾肥，少施或不施速效氮肥。④选育抗冷性品种。 高温：①高温锻炼。将萌动的种子在适当高温下锻炼一定时间，再播种。②改善栽培措施。合理灌溉，促进整体。采用高秆与矮秆、耐热作物与不耐热作物间作套种；人工遮阳；高温季节少施氮肥。③化学制剂处理。喷洒氯化钙、硫酸锌、磷酸二氢钾等可增加生物膜的稳定性；施用生长素、激动素等生理活性物质	
华南地区	降水：变化趋势不明显，波动较小。降水日数显著减小，极端强降水出现概率增加。 温度：20 世纪 80 年代后期振荡上升。冬季平均气温的上升趋势最为明显，秋季次之，春夏季较小。 海平面上升：上升速率加快。 台风和热带气旋：登陆个数虽然减少，但强度增大，登陆时间偏早，移动路径复杂。 风暴潮：风暴潮灾的发生频率有所增加。 高温：华南地区日最高气温≥35℃的高温天数呈现显著的上升趋势，每10 年增加 2.7d	人工影响天气：完善人工增雨作业体系。 灌溉设施建设：加强农业基础设施和农田基本建设；开发节水灌溉与高效用水技术；开深沟，降低地下水位，兴修水利。 病虫害防治：发展高效、低毒、低残留的安全农药和兽药新品种剂型	选用抗逆品种。 种质资源保护和基因库建设：保护和利用有益生物；保护物种多样性。 合理轮作、间套作	培育抗逆品种和高光效品种：选育推广抗逆、抗病品种。 抗旱抗寒锻炼、蹲苗、化控、整枝、培育壮苗、种植结构调整（包括种植制度调整、作物布局调整、品种结构与布局调整三个方面）：充分利用华南气候优势，在稳定粮食生产的基础上扩大热带、亚热带经济作物、果树和冬季蔬菜生产；根据冬季变暖和气候波动状况，合理确定热带、亚热带作物种植北界；加强华南中北部的作物寒害防御；鼓励山区发展立体农业，农、林、牧、渔业合理梯度布局。调整农业结构和种植制度	农业保险。 监测与预警：开展迁飞性、流行性病虫害的监控。加强沿海台风与山区暴雨山洪灾害的预警和防范。提高预报水平；加强沿海台风与山区暴雨山洪灾害的预警和防范。加强对外来有害生物的入境检疫；在南海岛屿建立迁飞性害虫监测点

（续）

地区	气候变化介绍	适应技术措施			
		改变生境减小冲击	利用自适应能力	增强适应能力	风险规避
西南地区	温度：四季气温长期变化均呈上升趋势，但低于全国平均增温率，增温速率大小依次为冬、秋、春、夏。四川盆地东部和云贵高原北部为降温区。 降水：除四川盆地东部和北部边缘山地降水量有所增多外，川西地区和其余大部地区年降水量为半个世纪的最低值。 干旱：气候变化背景下，西南地区农业季节性干旱呈加剧发展趋势。由于植物、土壤、湖泊和水库的蒸发加快，水分损耗增加，再加上气温升高，一些地区将遭受更频繁、更持久及更严重的干旱。 暴雨：降水集中，暴雨频率增加。 泥石流：由于区域性气候灾害，特别是大到暴雨的频繁发生以及其他因素的共同影响，山地灾害活跃期峰值越来越高，波动周期越来越短，成灾次数越来越多，造成的损失越来越大。 水土流失（土壤侵蚀）：面积进一步扩大，加剧了滑坡、泥石流等山地灾害的发生发展，导致河流含沙量增大并淤积河湖塘库，以及土地质量下降，粮食减产	农业生态建设：加强生态环境建设。改善和利用小气候生态环境，增强抵御低温的能力。 灌溉设施建设：推广应用集雨补灌技术。 耕作措施：等高种植，将坡地改造为等高梯田或进行等高沟垄种植。耕地振动深松、地表打孔等。加强覆盖抑蒸保墒耕作技术的集成应用。加强农田水利工程与生态环境建设，如蓄、引、提、排、灌等。 地膜覆盖。 培肥土壤：增施有机肥。 病虫害防治：制定重大生物灾害防控物资储备制度，建立重大生物灾害防控物资储备库，如加强高效低毒农药储备	选用抗逆品种。 种质资源保护和基因库建设。 合理轮作、间套作	培育抗逆品种和高光效品种。 抗旱抗寒锻炼、蹲苗、化控、整枝、培育壮苗、种植结构调整（包括种植制度调整、作物布局调整、品种结构与布局调整三个方面）：推广多因素协调管理的保健栽培和饲养技术；发展高效、低毒、低残留的安全农药和兽药新品种剂型；高畦栽培，减轻湿害。及时排涝，结合洗苗，保证光合作用、呼吸作用顺利进行。增施肥料，恢复作物长势。适雨播种，化学防控干旱。调整种植结构。掌握低温气候规律，合理安排品种搭配和播插期。 连阴雨：①确定适宜水稻播种期。②根据双季晚稻安全齐穗期，合理搭配早、晚稻品种，同时积极引进抗逆性强、丰产性能好的新品种组合。③加强水肥管理，合理调控水位，改善田间小气候，增强抗御低温的能力。④喷施叶面肥和根外追肥	农业保险。 监测与预警：提高防洪意识，加强监测预警。加强低温冷害的预报。针对预警、监测和控制三大科学问题，深入系统地开展理论基础和应用研究

（续）

地区	气候变化介绍	适应技术措施			
		改变生境减小冲击	利用自适应能力	增强适应能力	风险规避
青藏高原地区	降水：大部分地区年降水量增加，20 世纪 50—90 年代初降水减少，主要是夏季减少。之后明显增加，仅青海东部和西藏南部略有减少。 温度：呈升高趋势，大多数台站冬春升温率大于汛期升温率。高原冬季气温升高更为强烈，汛期青海的升温变得强烈，而西藏呈微弱升温趋势。1980 年左右发生明显暖突变，变暖幅度随海拔高度升高而增大。 升温：冬小麦冬前旺长，抗寒性下降。 病虫害：越冬基数增加。 干旱：青海东部地区降水减少。 洪涝：沿江地区降水增加。 雪灾：牧区雪灾加重。 草地退化	农业生态建设：植树造林和修建水库拦蓄洪水。在畜舍北侧营建防护林；在多雹地带种植牧草和树木。制止滥垦草地和超载过牧等破坏生态的行为；营建防护林网；夏秋打草，建立越冬饲草储备库；改良畜舍。 人工影响天气：人工消雹作业。 灌溉设施建设：及时疏通排水道；抽水泵排水。 耕作措施：推广留茬免耕等保护性耕作技术	选用抗逆品种：选用抗风力强的矮秆品种，掌握适宜密度。 种质资源保护和基因库建设	及时清洗和扶起倒伏作物，松土提温，适当施肥。 农田杂草：药物防治；倒茬种植；倒换品种种植；及时灌溉、追肥、除草等措施。 作物苗期适当蹲苗，大风天避免浇水。 增种抗雹和恢复能力强的农作物；成熟的作物及时抢收。下地随身携带防雹工具。关注有关冰雹的天气预报，及时转移。根据作物种类选择适宜的种植地点和播期。 灌水、喷水、熏烟、覆盖防霜	农业保险。 监测与预警：加强沙尘暴监测预警。改善牧区交通条件，加强雪灾预警，发生后及时采取救援措施

图书在版编目（CIP）数据

我国作物生产适应气候变化技术体系 / 许吟隆，李阔，习斌编著. —北京：中国农业出版社，2020.12（2021.6 重印）
（气候智慧型农业系列丛书）
ISBN 978-7-109-27596-6

Ⅰ.①我… Ⅱ.①许… ②李… ③习… Ⅲ.①气候变化—影响—作物—栽培技术—技术体系—中国 Ⅳ.①S31

中国版本图书馆 CIP 数据核字（2020）第 236072 号

中国农业出版社出版
地址：北京市朝阳区麦子店街 18 号楼
邮编：100125
丛书策划：王庆宁
责任编辑：刘昊阳　　文字编辑：郝小青
版式设计：王　晨　　责任校对：吴丽婷
印刷：中农印务有限公司
版次：2020 年 12 月第 1 版
印次：2021 年 6 月北京第 2 次印刷
发行：新华书店北京发行所
开本：787mm×1092mm　1/16
印张：9.5
字数：220 千字
定价：39.80 元
